本书由浙江大学龚浩然维果茨基研究出版基金资助出版

天才心理学家维果茨基思想精要之二

关于"最近发展区"理论的研读

李 娜 黄秀兰 著

浙江大学出版社
·杭州·

教学过程，来自三个方面的积极性，即学生的积极性、教师的积极性以及处于他们二者之间的环境的积极性，环境是教学过程真正的杠杆，也就是说教学过程有三个主体：教师、学生和环境。

——维果茨基

教学要以发展为前提，发展是教学的结果，教学要走在发展的前面引导着学生的发展。这一观点具有决定性原则意义，并且给关于教学与儿童发展过程之间的关系的整个学说带来一场大的变革。

——维果茨基

在过去的四分之一世纪中，研究认识过程及其发展的每一位心理学家都应该承认维果茨基的著作对他的影响。

——[美]布鲁纳《认知心理学》1977年英文版序言

序言

2022年5月上旬我与夫人赴美国参加小女的博士毕业典礼,不料因疫情在美被困半年之久,加之东西半球时差超过10小时,故我和黄秀兰教授之间没有了任何联系。今年上半年有一天突然接到友人——广东教育出版社邓祥俊编审的电话,简单寒暄几句后,便将话题转向黄老,从他那儿得知,黄老身体尚好,而且还有新作即将完成,邓祥俊编审希望我能够向浙江大学出版社隆重推荐黄老的新作,并为新作作序,乍一听让我有些诚惶诚恐,要知道我从未给任何人的书写过序,更何况黄老还是一位德高望重、长我三十多岁的前辈呢。几天后黄老亲自给我打电话,亲口证实了邓祥俊编审所说的一切,我想黄老之所以认定我为她的新书作序,自有她的考虑。这对我来说,既是一种挑战,同时也是一种鼓励和莫大的荣誉。

行文至此,不由得想起了对我职业发展产生重要影响的前辈——龚浩然先生。他早年曾担任来华讲学的苏联心理学专家的俄语翻译,并因此走上了职业心理学家的道路。他生前是浙江大学资深教授,兼任全国维果茨基研究会会长,在积极传播、实践维果茨基思想和组织推进维果茨基思想研究方面做出了卓越的贡献。他是国内研究维果茨基,乃至研究苏俄心理学最权威的专家。在苏俄心理学研究领域,龚浩然先生是一座绕不开的丰碑!

龚浩然、黄秀兰两位前辈是中国心理学界我最敬重的两位学者,我认识他们并与之交往有近四十年的时间了。1983年我从西北师范大学本科毕业后留校任教,次年夏天有幸参加了青海省心理学会的学术年会,会上第一次见到了龚先生,还有龚耀先和林崇德两位学者。会后我们一起游览了美丽的青海湖,有机会近距离接触了龚先生,他身材高大,面色红润,嗓门洪亮,声音略带沙哑,还有他那爽朗的笑声和乐观的性格都给我留下了深刻的印象。

1986年我考取了河南大学的硕士研究生,1987年9月我和几位研究生同学随王丕老师参加了在杭州大学举办的中国心理学会第六届学术会议,会上看到了龚先生忙碌的身影。后来,大概在我读研二时,我的导师凌培炎教授邀请龚先生来河南大学给我们开设了短期的社会心理学讲座课,这让我们大开眼界,受益匪浅,记得那次黄秀兰教授也来河南大学了。我曾好几年订阅了由龚先生担任主编的《外国心理学》杂志,并经常阅读龚先生和黄秀兰教授在该刊物上发表的有关苏联心理学评介的文章,他们发表的文章大部分我都复印收藏了。此外,我至今还保留了一本黄色封面的《外国心理学》杂志,每次看到它就觉得格外珍贵。

1998年我考取了南京师范大学心理学博士生,师从杨鑫辉教授,专业方向为苏俄心理学,我有幸成为国内第一位苏俄心理学方向的博士生,后来才得知南京师范大学当初之所以设立这样一个专业方向,与龚先生积极呼吁有很大的关系。当时国际上正兴起"维果茨基研究热",国外有人公开讲中国没人研究维果茨基,龚先生不同意对此说法。他很快便发起并创立了全国维果茨基研究会,该研究会于1998年10月17日在浙江舟山召开了成立大会暨第一届学术年会,会议选举龚浩然教授为会长。以后在全国各地先后举办了8次学术年会,每次年会我都参加。维果茨基研究会成立后,龚浩然教授主编和出版了一系列维果茨基研究的丛书和译著。于2008年又启动了一项艰巨而浩繁的工程,即组织国内心理学界和俄语界的有关专家联袂翻译维果茨基全集。当时,龚浩然教授已是81岁高龄的老人了,然而他却带着重病之躯,全身心地投入这项工程浩大的学术劳动之中,直至2010年逝世,其为科学献身的精神着实令人感动。历经8年,全集于2016年正式公开出版,可谓"十年磨一剑"。全集有9卷,共约300万字,这是当今全世界维果茨基文集最全的版本,也是中国学术界为世界心理学做出的重要贡献。

2010年龚先生因病辞世,离开了他挚爱的学术界,这对全国维果茨基研究来说无疑是一大损失,特别是黄秀兰教授承受了巨大的悲伤,相濡以沫、朝夕相处半个世纪之久的人生伴侣突然走了,对她的打击可想而知!但黄秀兰教授并没有因此而消沉下去,为完成龚先生的未竟事业,她不顾年事已高,自觉承担了《维果茨基全集》大量的联络协调工作,审阅、校对、译稿,催促翻译进度。之后,黄秀兰教授又整理出版了《天才心理学家维果茨基思想精要:龚浩然读书笔记(遗稿)》(2020年),这是抢救文化遗产之举!特别是面对三年的疫情,她在身患多种基础病的情况下,以惊人的毅力,不但经受住了考验,而且还潜心于学问。在年届94岁高龄之时,与其助手李娜女士完成了这部新作,令人叹服!该书第一作者李娜女士是黄秀兰教授的学术助手,硕士毕业于北京师范大学教育学专业,现就职于广州城建职业学院,是学前教育专业专任教师,多年来师从黄秀兰教授学习和研究维果茨基。黄秀兰教授对她的评价是:颇有悟性,学习能力强。近期获悉,李娜女士在今年考取了湖南师范大学教育博士,她在照顾年仅一岁多的幼女和三岁多的长子的繁忙家庭生活中,还能边工作边考上博士,实属难得。李娜女士热爱教育事业,能自觉地将维果茨基的理论应用于教学实践,称得上是一位维果茨基研究的后起之秀。

维果茨基是苏俄著名的心理学家,也是举世公认的20世纪最有影响力的心理学大师。在世界众多的心理学理论中,维果茨基的心理学独树一帜。他以辩证唯物主义为指导,在心理学方法学、心理学史、普通心理学、发展心理学、教育心理学、艺术心理学、缺陷心理学、神经心理学、心理技术学以及其他人文科学(如符号学、语言学、文化学等)等广阔领域进行了卓有成效的理论与实验研究,创造性地提出了一系列重要的心理学原理,为推动心理学的发展做出了巨大的贡献。正因为如此,自20世纪80年代在世界范围内兴起的"维果茨基研究热",其热度至今不减!

维果茨基的《教育心理学》是世界上最早的教育心理学专著之一。在这本专著中,他提出了一些独特而重要的概念与理论,例如"最近发展区"概念、关于教学与发展的关系、主体性教育思想、教学的交往本质等。维果茨基创造性地提出了"最近发展区"的概念,用来指称儿童"在有指导的情况下接受成人的帮助所达到的解决问题的水平与在其独立活动中所达到的解决问题水平之间的差距"。他认为,教学不但要以儿童一定的成熟水平为基础,而且还应该引导儿童的发展。"最近发展区"概念经过四十多年的不断传播与实践,显示出其强劲的生命力,已成为心理学和教育学的一个经典概念。

围绕上述维果茨基教育心理学的诸多观点,李娜、黄秀兰两位作者在本书中对维果茨基教学过程三主体思想、最近发展区理论、课堂社会及班集体等重要问题进行了较为系统深入的探讨。本书既可以作为研究维果茨基方面的重要参考文献,也是当前中小学教师资格证考试的重要参考资料,同时也是众多高校招收硕士研究生的考试的指导用书,还可以用于指导中小学教育工作者的教育实践。

权以为序。

王光荣(全国维果茨基研究会秘书长、兰州大学心理系主任)

2024年11月

前言

(一)白玉蒙尘

天才心理学家维果茨基在苏联成立初期就高瞻远瞩地看到了传统教育的弊端,撰写了40多万字的《教育心理学》,然而在苏联个人迷信统治下,却遭到了权威教育派的冷遇。因此,维果茨基的科学遗产长期受到压制,随着个人迷信被批判,他的思想才得以重放光芒。

1936年陈汉标教授曾经在杂志上介绍苏联心理学,谈到了维果茨基,北京师范大学董渭川教授也访问并评价了苏联的教育学。但"七七事变"之后,国内只有个别院校还有"教育心理学"的课程。

解放初,我在北师大上学时,是郭一岑教授给我们讲授"教育心理学"的,他是德国留学生,具体讲了些什么,我早已忘记了。后来,在全面学习苏联的环境下,中国心理学开始复甦。记得当年苏联派过三位心理学专家来华,第一位是普希金教授,他在北京师范大学讲授"高级心理学";第二位是彼得鲁舍夫斯基,他是苏联哲学界和心理学界的主要专家之一,他来我国讲"心理学的哲学基础与自然科学基础",当时教育部将全国高校的教授级别的教师组成了进修班,在北京师范大学听他的讲授;第三位来华的是彼得罗夫斯基,年轻有为,讲授"心理学的基本理论",他是苏联《高校心理学》三个版本教科书的作者。至此,苏联心理学的体系在我国基本定型,但维果茨基的理论并未得到宣传,他当年在苏联还是被批判的对象之一。

1956年,苏共召开了第二十次党代会,批判了个人崇拜,苏联的各个科学领域包括心理学都有很大的发展。1960年列昂节夫在波恩召开的国际心理学会第16届会议上宣读了一篇题为《人类心理研究中的历史观》的论文,公开承认自己是继承和发展维果茨基路线的人。当时列昂节夫已经是苏联著名的心理学家、国际心联副主席。鲁利亚在神经心理学方面所取得的成就也引起了国际心理学界的重视,被列为世界最优秀的学术成果,还有其他如赞科夫、艾利康宁等一批原来跟着维果茨基研究的心理学家,他们重新出版了维果茨基的著作和他们自己的研究成果,在苏联形成了一个最大的学派——社会文化历史学派,又称维列鲁学派,在国际上产生了很大的影响,被西方国家称为"维果茨基现象"。

1960年代,中苏关系已经比较紧张,但我国忠于研究马克思主义心理学的学者们积极地通过各种渠道收集苏联心理学界的资料,例如龚浩然同志就拿到了一批维果茨基的文集等宝贵材料,后遇"文革"抄家,好在他把这些宝物都放到了煤饼堆里,当作"废纸",躲过了浩劫。从此,他在"地下状态"中刻苦攻读,才有了后来的成果。

(二)潮起浙江

1978年,王屏山同志约龚浩然回到学术界,复办广州师院,我们关于维果茨基的研究才有了用武之地。1980年秋,我们应杭州大学校长陈立教授之邀调到杭州大学工作,并在中国科学院心理研究所所长、我国心理学泰斗潘菽教授的指导和陈立教授的直接领导下,创办了《外国心理学》杂志,旨在介绍各国的心理学研究成果,这样我们就有了宣传阵地来评价西方、苏联及我国心理学方面的论文和著作。

1981年,我们在刊物创刊的第三期就发表了维果茨基有关"最近发展区"的文章,在浙江省心理学学会年会上,笔者被指定在会上宣讲有关论述。杭州市教师进修学校校长、老教育家金亮同志敏锐地看到了这一理论的生命力,于是大力组织杭州市中小学教师听课、学习。浙江省教育厅把"文革"后提升为省内各地、市的教育局长组成进修班,在杭州大学学习两年,以便全省开展维果茨基这一课题的研究。我们建立了实验团队,最初在拱墅区大关小学建立了试验点,后来这一课题推广到全国,被列入国家"七五教育规划"与浙江省"八五教育规划",题目是"班集体建设与学校整体优化"。在进行实验的过程中,无锡、上海、广州、南京等地的城乡都组织了实验,最多的时期实验班达到了10000个。1997年,实验进行了总结并出版了《班集体建设与学生个性发展》[1]一书。

我国不少心理学的有识之士也意识到维果茨基的理论的重要价值及实践指导的现实意义,如华东师范大学教育系的杜殿坤教授,于1980年代起对维果茨基学派的赞科夫的著作做了一系列的研究与介绍,徐世京、高文等同志在这方面也做了很大的贡献,他们为此建立了"维果茨基与社会建构主义教育观"等。

为了促进交流、共同切磋、发挥集体的力量,在林崇德等同志的大力支持下,我们在1998年10月17日召开了"全国维果茨基研究会成立大会暨第一次学术年会",选举了龚浩然教授为会长,陈立教授为名誉会长。1999年在上虞市召开了第二次学术年会,并成立了"全国维果茨基研究会教育与发展研究中心"。2000年,在华中师范大学召开了第三次学术年会,2002年,在黑龙江哈尔滨召开了第四次

---

[1] 龚浩然、黄秀兰:《班集体建设与学生个性发展》,广东教育出版社1999年版。

年会,日本维果茨基研究会得知会议消息专门派代表参加会议并报告了日本研究维果茨基的情况。

四次全国维果茨基研究会学术年会,与会人员超800,我们收到了60多篇论文,维果茨基的学术思想在我国的影响日益扩大。维果茨基研究会的成立和学术活动的开展,标志着我国学者对维果茨基思想遗产的研究进入了一个新的阶段。

(三)展望未来

维果茨基的理论特别是"最近发展区"理论经过四十年来的不断传播、持续实践,具有非常旺盛的生命力。近十来年全国统一的中小学教师资格考试、幼儿教师资格考试,以及很多省市的教师招聘笔试,都出了有关"最近发展区"的题目。同时,"最近发展区"也是各个师范院校硕士研究生入学考试的常考点,例如,北京师范大学2010、2011、2014、2023年都考了"最近发展区"的名词解释,华东师范大学2021、2022年连续两年考了"最近发展区"的名词解释,陕西师范大学2015、2016、2017、2018年连续四年考了"最近发展区"的名词解释。东北师范大学、华南师范大学、华中师范大学、南京师范大学、湖南师范大学、首都师范大学等都把维果茨基的"最近发展区"理论视为最重要并最常考的知识点,足以见得这个理论的重要性、基础性。

我今年94岁了,前面的时间已经不多,但我还有梦,我相信有梦的人离终点会远一些。我的第一个梦想,是希望能够在最短的时间内把自己的学习心得留下给后人,也总算没白来这个世界一场。因此,我想如果可能,在最近两年把维果茨基关于教育心理学,特别是"最近发展区的理论与实践"、"年龄心理学"的研究及"缺陷儿童的文化绕道发展"的原理,在王光荣、李娜等年轻同志的帮助下写出来,作为维果茨基心理学思想精要的三本书出版。

我的第二个梦想,作为世界上最有名的心理学家维果茨基,他所作的贡献是当今国际上许多国家的重点研究课题,单就教育心理学方面,能够用世界上不同的语言把他的研究成果翻译、公开是一项伟大而艰巨的工作。本人当然没有这个水平去攻克此难关,但希望世界上有志于这方面的学术研究的能人能做这个工作,这是功德无量的大事。真理是永无止境的,前途是无限光明的,谢谢未来的学者们。

我的助手李娜是一位年青的学者,现在湖南师范大学攻读博士学位,硕士毕业于北京师范大学教育学原理专业,她悟性颇高、学习能力强,近年来努力学习、研究维果茨基,并把维果茨基的理论应用于教学实践中。书中大部分内容都是李娜执笔的,有关教师职业资格证书考试的资料也是李娜一手收集的,因此建议广大读者结合近年来国家和各个省份关于维果茨基教育心理学的考点,来更好地理解和使用本书。李娜对维果茨基的思想体会颇深,曾与我合著《天才心理学家维果茨基思想精要:龚浩然读书笔记(遗稿)》(浙江大学出版社2020年版)。所以这本书我们两人一起撰写,或许可以较为全面。我相信李娜在维果茨基的研究上,将会作出更多的成绩。

黄秀兰

2024 年 11 月

目录

第一章 走进心理学巨匠维果茨基 ... 1
- 一、维果茨基的生平 ... 1
- 二、维果茨基的主要著述 ... 3
- 三、维果茨基学说的意义 ... 4
  - (一)最早将历史原则引入心理学 ... 4
  - (二)首创高级心理机能历史起源理论 ... 5
  - (三)丰富了教育心理学思想宝库 ... 5
- 四、维果茨基学说的国际影响 ... 5

第二章 维果茨基教学过程三主体思想 ... 9
- 一、传统的教学主体思想 ... 9
  - (一)教师中心论 ... 9
  - (二)学生中心论 ... 9
  - (三)主导主体论 ... 10
- 二、维果茨基的"三主体思想" ... 11
  - (一)怎么理解"主体"一词? ... 11
  - (二)从教学的交往本质来看主体 ... 12
  - (三)学生在教学过程中的主体地位 ... 12
  - (四)教师在教学过程中的主体地位 ... 13
  - (五)环境乃是教学过程中真正的杠杆 ... 14
- 三、主体的积极性 ... 17
  - (一)学生积极性的发挥 ... 17
  - (二)教师积极性的发挥 ... 18
  - (三)环境积极性的发挥 ... 20

四、为学生创设一个良好的环境 …………………………………… 22
　　（一）对传统教学环境的反思 ……………………………………… 22
　　（二）优秀的微环境及其功能 ……………………………………… 22

第三章　最近发展区理论 …………………………………………… 26
一、教学与发展的含义 …………………………………………… 27
　　（一）什么是教学？ ………………………………………………… 27
　　（二）什么是发展？ ………………………………………………… 28
　　（三）发展的质的指标 ……………………………………………… 29
　　（四）发展的连续性和阶段性 ……………………………………… 30
二、教学与发展的关系 …………………………………………… 30
　　（一）教学与发展的几种观点 ……………………………………… 31
　　（二）传统智力测量的分析 ………………………………………… 32
　　（三）什么是最近发展区？ ………………………………………… 33
　　（四）最近发展区的动态性质 ……………………………………… 34
　　（五）理想智龄（最佳潜在发展水平） ……………………………… 35
　　（六）学习的最佳年龄期（关键期） ………………………………… 36
三、教学要走在发展的前面 ……………………………………… 36
　　（一）教学要以发展为前提，发展是教学的结果 ………………… 36
　　（二）教学创造着学生的"最近发展区" …………………………… 37
四、看到学生发展的明天和希望 ………………………………… 39
　　（一）看到学生发展的明天和希望 ………………………………… 39
　　（二）看到矛盾的积极转化 ………………………………………… 40
　　（三）看到学生的积极性（主观能动性） …………………………… 41
五、维果茨基的后继者关于教学与发展的研究 ………………… 41
　　（一）赞科夫的研究 ………………………………………………… 42
　　（二）艾利康宁和达维多夫 ………………………………………… 44
　　（三）敏钦斯卡娅 …………………………………………………… 44
　　（四）柳布林斯卡娅 ………………………………………………… 45
　　（五）加里培林的研究 ……………………………………………… 46

第四章　论课堂社会 ………………………………………………… 54
一、班级有趣实例 ………………………………………………… 54

二、课堂社会研究之概览 ………………………………………………… 56
　　三、传统课堂教学的弊端 ………………………………………………… 57
　　四、赞科夫对课堂社会的研究 …………………………………………… 58

第五章　班集体就是最优秀的课堂社会 ………………………………………… 61
　　一、影响课堂教学效率的诸因素 ………………………………………… 61
　　　　（一）课堂外部环境 …………………………………………………… 61
　　　　（二）课堂教学结构 …………………………………………………… 62
　　　　（三）教学内容设计 …………………………………………………… 63
　　　　（四）学生学习动机 …………………………………………………… 63
　　二、课堂心理气氛与教学效果 …………………………………………… 64
　　　　（一）课堂心理气氛及其作用 ………………………………………… 64
　　　　（二）课堂心理气氛的类型 …………………………………………… 64
　　　　（三）最佳的课堂心理气氛的特点 …………………………………… 65
　　　　（四）制约课堂心理气氛的因素 ……………………………………… 65
　　三、有效的学习集体的特点 ……………………………………………… 67
　　　　（一）目标与舆论 ……………………………………………………… 67
　　　　（二）团结与互助 ……………………………………………………… 67
　　　　（三）模仿与竞赛 ……………………………………………………… 68
　　　　（四）纪律与自觉 ……………………………………………………… 68
　　四、如何优化班集体 ……………………………………………………… 68
　　　　（一）群体的几种水平 ………………………………………………… 69
　　　　（二）班集体建设需要共同活动 ……………………………………… 69
　　五、共同活动是班集体的生长点 ………………………………………… 71
　　　　（一）什么是共同活动？ ……………………………………………… 71
　　　　（二）学生共同活动的发展 …………………………………………… 72
　　　　（三）不同年龄学生的共同活动的特点 ……………………………… 73
　　　　（四）共同活动的社会心理基础 ……………………………………… 73

第六章　维果茨基最近发展区在我国40年来的研究现状及发展态势前瞻 …… 79
　　一、引言 …………………………………………………………………… 79
　　二、研究现状剖析 ………………………………………………………… 80
　　三、研究现状评述 ………………………………………………………… 85

四、发展态势前瞻 …………………………………………………… 89

五、结语 ……………………………………………………………… 91

附录一　学龄期的教学与智力发展问题 ………………………… 93

附录二　教学与学生智力动态发展的联系 ……………………… 104

附录三　心理学家 H. A. 敏钦斯卡娅 …………………………… 118

编后话 ………………………………………………………………… 120

本章导读：维果茨基是苏联成立初期杰出的心理学家，社会文化历史学派的创始人。他在心理学的诸多领域如教育心理学、文艺心理学、言语与思维等进行了富有成效的研究，他用马克思主义的原则来研究心理学中的基本问题，在苏联心理学史上起着奠基人的作用。近年来，维果茨基的思想产生了很大影响，许多国家都成立了专门的研究机构，掀起了一场"维果茨基热"。维果茨基是当前世界上备受推崇的心理学泰斗，被称为天才心理学家、心理学中的莫扎特、心理学的巨匠，被国际公认为20世纪最具影响力的心理学家之一。

维果茨基的一生有着怎样的经历，具体有哪些理论，产生了怎样的影响呢？这一章，让我们一起来认识这位不朽的心理学巨匠。

第一章 走进心理学巨匠维果茨基

一、维果茨基的生平

1896年11月5日，维果茨基[1]，即列夫·谢苗诺维奇·维果茨基（Lev Semenovich Vygotsky）生于戈梅利市（在白俄罗斯）。父亲谢苗·列维奇是一家银行的经理，热心公益事业，曾创办了一所公共图书馆；母亲是犹太人，受过良好的教育，通晓多国语言，重视孩子的教育。聪明好学的维果茨基童年和少年的大部分时间都是在戈梅利市度过的。他在父亲的图书馆里学习了许多知识，在母亲那里学到了多国语言，对文学、历史、戏剧都产生了浓厚的兴趣。

1913年，维果茨基考入了莫斯科大学法律系，对于一个犹太孩子来说，这是非常难得的，当时只有3％的犹太人能够进入莫斯科大学学习。维果茨基感兴趣的学科是历史与哲学，但他接受父母的意见选择了医学，一月之后，又转到了法学院。

---

[1] 维果茨基一名，俄语为 N. V. Виготский，英语为 Lev Vygotsky，我们翻译为"维果茨基"，也有人翻译为"维果斯基"，无论根据俄语或者英语，ТС（俄）或者 TS（英）两个字母在一起读时都失去爆破，不能读"斯"，更不能读"特斯"，只能读"茨"，所以翻译为"维果茨基"，是最准确的，其他音译都不够准确。

强烈的求知欲使维果茨基于 1914 年决定在莫斯科大学和沙尼亚夫斯基人民大学[1]同时就读。

维果茨基在大学期间对哲学、心理学、法学、美学及文学等都认真钻研，打下了良好的知识基础。他有着强烈的求知欲、广泛的科学兴趣和严谨的治学态度，他博览群书，还通过地下出版物认真学习了马克思、恩格斯与列宁的原著，他的学位论文是一部 20 多万字的《艺术心理学》，由此可见一斑。[2]

维果茨基大学毕业后，便回到戈梅利市工作。他曾在工农速成中学、普通中学和师范学校讲授过文学、美学、逻辑学及心理学等课程。在师范学校还建立了一个心理实验室，从事教育和教学过程的心理研究，积累了大量的资料并撰写了 40 多万字的《教育心理学》一书。他还深入地研究了巴甫洛夫、别赫捷列夫等人的著作，探讨高级神经活动生理学与心理学的关系。所有这些，都为他后来的心理学研究工作打下了牢固的哲学基础与广泛的知识基础。

1922—1926 年，维果茨基写了八篇关于心理学的论文，其中七篇都与教育问题相关。1924 年，全俄第二届精神神经病学代表大会在列宁格勒(今圣彼得堡)召开。这是当时俄罗斯最重要的心理学会议，维果茨基出席了这次大会，并且做了题为《反射学的研究方法与心理学的研究方法》的长篇报告，对反射学提出了批评，指出了科学的心理学不能忽视意识这一重要的事实。当时，新任莫斯科心理学研究所所长科尔尼洛夫十分欣赏维果茨基，会后便邀请他到研究所工作，从此维果茨基便成了专业的研究人员，这时他才 28 岁。

维果茨基在研究所孜孜不倦、夜以继日地刻苦工作，坚实的哲学基础与对马克思主义的坚定信念，使他积极参加了当时批判旧的传统心理学与建立新型的马克思主义心理学。这一时期，维果茨基发表了一系列的文章，如被视为经典的《心理学危机的历史内涵》《意识是行为心理学问题》等。

维果茨基致力于冲破传统、敢于超越前人、立志创新的刻苦钻研精神，是值得学习的。他在研究所的各种会议上都大胆地提出了建立一门新的心理学的设想。由于他旗帜鲜明的观点、渊博的学识与严谨踏实的科学风格受到了研究所内许多年轻有为的同事的敬佩，同事们很自然地团结在他的周围，自发地形成了一个研究学术的小群体。这个群体的主要成员有列昂节夫(1903—1979)、鲁利亚(1902—1977)、查包罗塞茨(1905—1981)、赞科夫(1900—1977)、加里培林(1902—1988)、

---

[1] 沙尼亚夫斯基大学是一所开放性的自由大学，以沙尼亚夫斯基命名，沙尼亚夫斯基是社会活动家，在沙俄时期因开采金矿发了财，所以开办了这所大学。十月革命后该大学停办，后又复办，改名俄罗斯国立人文大学。学校里成立了"维果茨基学院"和"维果茨基研究所"，维果茨基的外孙女、外孙女婿均在该学院主持工作。2006 年，浙江大学龚浩然教授一行六人的访问团曾访问该校，访问团拜谒了在莫斯科郊区圣女公墓中的维果茨基墓(圣女公墓埋葬了很多苏俄的名人，如叶利钦、赫鲁晓夫)，缅怀维果茨基的功绩。

[2] 见《维果茨基全集》第八卷，安徽教育出版社 2016 年版。

艾利康宁(1904—1984)、包诺维奇(1908—1981)、陈千科(1903—1969)等同志。他们每周在维果茨基那里聚会一到两次,报告各自的研究成果,讨论有关的理论问题,这些同志是后来社会文化历史学派(维列鲁学派)得以创立的中坚力量。

早在1919年,维果茨基就染上了肺结核,但他不顾病情,长期以来废寝忘食、争分夺秒地投入教学、研究工作,因此,肺结核病情不断恶化。1934年,年仅38岁的维果茨基英年早逝,令人痛惜。

二、维果茨基的主要著述

维果茨基的著作,代表了十月革命后苏联心理学家力图以马克思主义为基础,建立根本不同于传统心理学的新的心理学体系的整个时代的特点。他的理论在心理学方面做出了巨大的、开创性的贡献。

维果茨基英年早逝,但他留下的精神遗产是大量的,他的著作共有200多万字,186种。苏联1956年出版了40多万字的《维果茨基心理学研究文选》,1960年又出版了维果茨基的代表著作《高级心理机能的发展》(40多万字)。从1982年起,苏联学者又重新收集、整理、系统地出版了维果茨基200多万字的《心理学研究文集》六卷。苏联解体后,俄罗斯的教育科学院又出版了他的《教育心理学》与《文艺心理学》。

1980年后,我国不少心理学工作者被派往英国、美国、苏联和日本等国学习、讲学、考察与访问,带回了大量有关各国研究维果茨基的学术信息,一些有识之士开始认识到维果茨基学说的重要价值,以及对改造与建设当今我国心理学的深远的现实意义,陆续翻译出版了维果茨基的一些论文和著作。浙江大学龚浩然教授带领学术团队将找到的维果茨基著作,按照他自己对维果茨基著作的逻辑理解,编成了九卷本《维果茨基全集》[1],共300多万字。9卷如下:

第1卷:对传统心理学的反思;
第2卷:高级心理机能的社会起源理论;
第3卷:新心理学的基本理论(上);
第4卷:新心理学的基本理论(下);
第5卷:年龄心理学问题;
第6卷:教育心理学;
第7卷:缺陷儿童心理学研究;
第8卷:文艺心理学;
第9卷:对哈姆雷特的心理分析。

---

[1] 《维果茨基全集》九卷,安徽教育出版社2016年版。

总而言之,维果茨基的学说独树一帜,创造了一系列重要的理论原理,涵盖了普通心理学、艺术心理学、思维心理学、心理语言学、缺陷心理学、心理学史等诸多领域。我国著名心理学家车文博教授认为维果茨基的学说"内涵丰富、思想深邃、举世公认、影响全球",在西欧、北美、亚洲、非洲等地区都有广泛的影响,连美国心理学家布鲁纳都说:"我对维果茨基著作以及多年来帮助过我和鼓励我的那些苏联心理学家有一种感激之情……"

当然,"金无足赤,人无完人",维果茨基的学说也有其时代局限,特别是他因英年早逝,很多问题还没有进一步说明或纠正。

三、维果茨基学说的意义

维果茨基堪称心理学的巨人,在现代心理学科学中享有崇高的地位。在过去100多年的众多心理学家当中,真正对心理学产生重大影响的心理学家只有少数,维果茨基是这少数中的大师级人物,是"评价传统心理学的巨匠,现代心理学的奠基人"[1]。因此,国际心理学界公认他是"心理学界的莫扎特"[2],美国著名心理学家布鲁纳说"在过去的四分之一世纪中,研究认识过程及其发展的每一位心理学家,都应当承认维果茨基的著作对他的影响"[3]。

(一)最早将历史原则引入心理学

古典心理学,不管是哪个流派,从其思想基础、研究对象、科学性质、研究方法及与应用的关系,都是与对心理学作为研究人的一门科学的要求不相称的,因而路越走越窄,最后导致行为主义的产生,使心理学成了"没有心理的心理学"。维果茨基在1927年撰写的十多万字的《心理学危机的历史内涵》一书中,就分别对各流派存在的问题作了客观的分析,用马克思主义的科学观点深刻而全面地说明了心理学危机的表现及其产生危机的原因与克服危机的途径。

在这一基础上,维果茨基第一次将历史的原则引入心理学,充分体现了他的学说的战斗性,他是历史上第一个用历史唯物主义的原则研究心理学的各种问题的人,为苏俄心理学的发展奠定了基础,丰富了现代心理学的理论宝库。所以,斯米尔诺夫评价维果茨基时这样说:"正是历史原则构成了他的全部理论的核心,作为苏俄心理学家的维果茨基的主要功绩和他在苏俄心理学发展中所作的巨大贡献,也就在于此。"[4]

---

[1] 龚浩然:《维果茨基及其对现代心理学的贡献:从纪念维果茨基诞辰100周年国际会议说起》,《心理发展与教育》1997年第4期。
[2] 托尔明:《心理学中的莫扎特》,《纽约评论》1978年第2期。
[3] 布鲁纳:《认知心理学》,1977年英文版序言。
[4] 斯米尔诺夫:《苏联心理科学的发展与现状》,人民教育出版社1984年版,第312页。

维果茨基毕生都在为建立马克思主义心理学而不懈地奋斗。托尔明说他:"维果茨基把自己称之为马克思主义者而感到荣幸,历史唯物主义方法使他的科学探索获得了成就,就是这个武装他的哲学,为他提供了整合像发展心理学、临床心理学、文化人类学、艺术心理学这样一些科学的依据,这正是现在我们西方心理学家应当认真研究的东西。"[1]

当时,对维果茨基来说,马克思主义并不是教条,也不是可以从中直接找到心理学科学所有具体答案的学说。掌握马克思主义是基础,同时要研究并掌握具体的研究方法,所以维果茨基提出了许多重要的方法,如实验发生法、因果分析法、单元分析法及双重刺激法等。这些方法不仅为世界心理学宝库增添了新的内容,而且广泛应用于教学实践领域,对许多国家的教改都做出了贡献。

(二)首创高级心理机能历史起源理论

1930—1931年,维果茨基撰写了《高级心理机能的发展》一书,这是他创立社会文化历史发展理论的最主要代表作。人的心理是怎样产生和发展起来的呢?也就是说,从动物到人的进化,心理过程的"人化"是怎样实现的呢?这是传统心理学一直回避或者混乱,而马克思主义心理学家必须回答和解决的重要问题。正是在这个问题上,维果茨基提出了文化历史发展的观点:人的心理发展过程是受社会的文化发展的规律所制约的,是在人的活动中,在人与人之间相互交往的过程中发展的。因此,维果茨基进一步提出他的活动理论、工具理论、内化理论、中介理论等一系列重要的理论原理,我们在《天才心理学家维果茨基思想精要:龚浩然读书笔记(遗稿)》的第四、五章进行了详细介绍。

(三)丰富了教育心理学思想宝库

维果茨基大学毕业后就开始从事教学工作,积累了丰富的教学经验,他撰写了一系列有关教育心理学的著作,提出了很多独到的见解。例如:(1)教学与发展的关系;(2)学习的最佳年龄期(关键期);(3)环境是教育过程中的真正杠杆;(4)论个性及其形成等等。特别是关于"最近发展区"(或译潜在发展区)的理论,在国际上产生了很大的影响,这是"维果茨基热"的重要内容之一,也是本书着重探讨的内容。

四、维果茨基学说的国际影响

1996年,于维果茨基这位心理学天才诞辰100周年之际,俄罗斯联邦于10月21—29日在莫斯科及戈梅利市等地为纪念他召开了国际学术会议。这次会议规模很大,盛况空前,有近500人参加。除独联体各国学者外,还有来自澳大利亚、保加利亚、巴西、英国、匈牙利、德国、丹麦、印度、西班牙、意大利、立陶宛、荷兰、挪威、

---

[1] 托尔明:《心理学中的莫扎特》,《纽约评论》1978年第2期。

波兰、美国、芬兰、捷克、瑞士、南非和日本等20多个国家的专家学者100多人。1992年,曾在莫斯科召开了"维果茨基的文化历史发展理论的过去、现在和未来"的国际学术会议。会上,很多国家的专家都做了相关报告,如荷兰卡尔佩等,维果茨基的遗产在西方受到了一致的赞许,充分说明维果茨基的思想不但照耀着俄罗斯心理学发展的道路,同时也引导着现代世界心理科学今后发展的方向。各国学者对维果茨基思想表现出极为浓厚的兴趣,形成了一股"维果茨基热"现象。这次会议还决定成立维果茨基国际研究中心,并收集大会的发言,出版了两卷维果茨基研究论文集。

2005年,国际维果茨基研究会认为如果没有中国参加就不能称为"国际",特选举中国心理学家龚浩然教授任国际维果茨基研究会的理事、主席团成员,并委派研究会的秘书长,日本籍的神谷荣司教授访问中国。事实上,这些年来,中国学者在维果茨基研究上也做出了重要贡献,例如出版中文版《维果茨基全集》(9卷,达300万字),发表相关的论文与实验报告等。

❖ 本章思考练习

1. 被称为"评价传统心理学的巨匠,现代心理学的奠基人"的是(   )。
   A. 布鲁纳　　　　B. 皮亚杰　　　　C. 维果茨基　　　　D. 埃里克森

2. 以下哪位心理学家被称为"心理学中的莫扎特"?(   )
   A. 布鲁纳　　　　B. 皮亚杰　　　　C. 维果茨基　　　　D. 埃里克森

3. 历史上第一个用历史唯物主义的原则研究心理学的各种问题的心理学家是(   )。
   A. 布鲁纳　　　　B. 皮亚杰　　　　C. 维果茨基　　　　D. 埃里克森

4. 根据维果茨基的观点,以下属于心理工具的是(   )。
   A. 微信表情　　　B. 毛笔　　　　　C. 无人机　　　　　D. 口罩
   来源:2021年全国硕士研究生统一考试"教育学专业基础综合311"选择题第38题。

5. 学习需要在别人的帮助下,在真实和现实的情境中发生。这种建构主义的主张属于(   )。
   A. 个人建构主义　　　　　　　　　B. 认知建构主义
   C. 心理建构主义　　　　　　　　　D. 社会建构主义
   来源:2021年全国硕士研究生统一考试"教育学专业基础综合311"选择题第37题。

6.维果茨基在工具理论的基础之上提出了（　　）。
A.认知发展理论　　　　　　　B.全面发展理论
C.内化学说　　　　　　　　　D.最近发展区
来源：2015年四川省（教综）教师招聘考试。

7.（多选题）以下属于维果茨基心理发展理论的是（　　）。
A.两种工具观　　　　　　　　B.发生认识论
C.最近发展区学说　　　　　　D.智力发展内化说
来源：2016年河南省郑州市二七区（教综）教师招聘考试。

参考答案

1.C

解析：维果茨基在1927年撰写的《心理学危机的历史内涵》中，分别对各流派中存在的问题作了客观的分析，用马克思主义的科学观点深刻而全面地说明了心理学危机的表现及其产生危机的原因与克服危机的途径。并且在此基础之上把历史唯物主义引进心理学研究，提出了人的心理发展过程是受社会的文化发展的规律所制约的，是在人的活动中，在人与人之间相互交往的过程中发展的。我国心理学家龚浩然教授在其《维果茨基及其对现代心理学的贡献：从纪念维果茨基诞辰100周年国际会议说起》中评价维果茨基为"评价传统心理学的巨匠，现代心理学的奠基人"。故本题选C。

2.C

解析：美国学者托尔明在《心理学中的莫扎特》中高度评价了维果茨基，称其为心理学中的莫扎特，载《纽约评论》1978年第2期。故本题选C。

3.C

解析：维果茨基在1927年撰写的《心理学危机的历史内涵》中，分别对各流派存在的问题作了客观的分析，用马克思主义的科学观点深刻而全面地说明了心理学危机的表现及其产生危机的原因与克服危机的途径。在这一基础上，维果茨基第一次将历史的原则引入心理学，充分体现了他的学说的战斗性，他是历史上第一个用历史唯物主义的原则研究心理学各种问题的人，为苏俄心理学的发展奠定了基础，丰富了现代心理学的理论宝库。故本题选C。

4.A

解析：维果茨基认为，人类的精神生产工具或心理工具就是各种符号，选项中只有微信表情属于符号，属于心理工具，故本题正确答案为A。（参见《天才心理学家维果茨基思想精要：龚浩然读书笔记（遗稿）》）

5.D

解析：建构主义者认为，主客体的交互作用是知识形成的基本机制，但是对交互作用的性质存在不同的认识。有人提出三种知识建构：①个体的建构，即个体与环境的交互作用；②个体间的建构，即儿童与儿童、儿童与成人之间的交互作用；③公共知识的建构，在更大的社会文化背景下的建构。第一种可以称为个人建构主义，第二种、第三种可以称为社会建构主义，强调知识建构的社会性质，强调合作、交往、共享在知识建构过程中的作用。维果茨基认为，人的高级心理机能，最初往往受到外在文化的调节和辅助，然后才逐渐内化为学习者的心理工具，因此社会交互作用在人的学习过程当中起着关键作用。故本题选 D。

6. C

解析：维果茨基是内化学说最早提出者之一，他在分析了智力形成的过程之后，提出了内化学说。根据维果茨基的观点，内化是指个体将从社会环境中吸收的知识转化到心理结构中的过程。维果茨基认为，心理发展源于在社会交互作用中对工具的使用，源于将这种交互作用内化和进行心理转换的过程。内化学说的基础是维果茨基的工具理论。A 项：认知发展理论由皮亚杰提出。B 项："全面发展"是指人的体力和智力的充分发展，又指人在德智体美各方面的发展。促进人的全面发展是人类追求的目标。与题干不符，排除。D 项：维果茨基提出了最近发展区，但不是在工具理论的基础上提出的。与题干不符，排除。故正确答案为 C。

7. ACD

解析：维果茨基在心理发展上强调社会文化历史的作用，特别强调活动和社会交往在人的高级心理机能发展中的突出作用。他认为，一方面，高级的心理机能来源于外部动作的内化，这种内化不仅通过教学，也通过日常生活、游戏和劳动等来实现。另一方面，内在智力动作也外化为实际动作，使主观见之于客观。内化和外化的桥梁便是人的活动。维果茨基提出两种工具的理论，认为人有两种工具：物质工具和精神工具。同时维果茨基提出了三个重要的理论：(1)最近发展区思想；(2)教学应当走在发展的前面；(3)关于学习的最佳期限问题。维果茨基分析了智力形成的过程，提出了内化学说。故 ACD 三项正确。B 项：皮亚杰主张发生认识论，其特点是用发生学的观点和方法来研究人类认知（从婴儿期到青春期）的发展顺序与阶段，探讨认知形成和发展的动因、过程、内在结构和机制等。与题干不符。

本章导读：要深入理解维果茨基的教育心理学思想，我们首先需要聚焦于他的教学理论，特别是教学过程中主体的界定以及教学与发展之间的动态关系。在探讨教学的本质时，一个核心问题浮现出来：教学过程中，谁是真正的主体？是教师，还是学生？维果茨基对此有着独到的见解，他提出教学过程中存在三个主体，这一观点背后蕴含着怎样的理论依据和深刻含义？让我们一起探索维果茨基的教育心理学世界，解开这些教学谜题。

第二章 维果茨基教学过程三主体思想

无论哪一门学科，首先要明确的就是研究对象是谁。教育心理学作为心理学的分支学科，具体研究对象是谁？是人，是作为主体存在的人，或者说是需要进行教育的对象。维果茨基提出的观点与所有心理学家不同，他说：教学过程的主体有三个，即学生、教师及他们进行教学活动的环境。

一、传统的教学主体思想

（一）教师中心论

在我国封建时代，教师的地位非常高，"天地君亲师"，"一日为师，终身为父"，教师的地位仅次于双亲。教师的作用正如韩愈所说："师者，所以传道、受业、解惑也。"不少民国时期的孩童读书启蒙还必须拜孔子像，表示要绝对服从教师的训教。在中世纪的欧洲，教师的权威也是绝对不可动摇的，维果茨基批评说："传统的欧洲学校体制把教育与教学过程归结为学生被动地接受教师的意图和委托，这种体制从心理学的角度来看是极其荒唐的。"他还说："这种教育体制认定的一条规则，它的办学基础：教师就是一切，学生什么也不是。"这种思想被称为"教师中心论"，认为教学过程中，教师有绝对的权力，教师是主体，学生是课堂中的"静听者"、服从者。

（二）学生中心论

18世纪，法国启蒙思想家卢梭出版著作《爱弥儿》，认为儿童与成人是完全不同的独立存在，有其自身的特点与价值。"在万物的秩序中，人类有他的地位；在人生的秩序中，儿童有他的地位；应当把成人当做成人，把孩子当做孩子。"他从自然与上帝等同的角度出发，认为人是上帝的造物，是自然的造物，在教育教学上，必须重新认识儿童的存在,与书本知识和成人的权威相比,儿童的存在和发展更重要。

20世纪初,美国实用主义哲学家、教育家杜威批评了传统教育不重视儿童、消极管理儿童、整齐划一对待儿童。杜威明确指出:"现在我们的教育中正在发生的一场变革是重心的转移。这是一种变革,一场革命,一场和哥白尼把天体中心从地球转到太阳那样的革命。在这种情况下,儿童变成了太阳,教育的各种措施围绕着这个中心旋转,儿童是中心,教育的各种措施围绕着他们组织起来。"杜威的主张宣告了"儿童中心论"的确立,儿童的发展问题开始引起全社会的重视,关注儿童的健康、心理和个性发展等问题成为当时儿童研究和教育科学研究的主题。儿童中心论认为,教学过程中,儿童是主体。

从教师作为教育中心转向以儿童为中心,无疑是教育发展历程中的一个重大进步。然而,这一转变也可能导向另一个极端,即教师角色被过度解读为完全服务于儿童,绝对地顺从儿童的需求,所有教育活动都围绕儿童展开。在这种理念下,教师被要求以学生个体为核心,全力以赴地满足其发展需求,这无疑极大地增加了教学工作的复杂性和挑战性。这种极端的倾向也可能导致教师在教学实践中感到无所适从,难以找到恰当的平衡点。在过分强调儿童中心地位的同时,教育效率和教育质量可能会受到不良影响,甚至可能出现下滑。

这两种观点都有共同的错误的根源,那就是对教学过程中教师与学生的关系采取了二元对立的思维方式,"教师中心论"把教师视为教学过程的主体,学生是客体;"学生中心论"把学生视为教学过程的主体,教师是客体。这两种观点都根本否认教学过程中教师与学生平等的交往关系,这样教学就变成了一种控制活动,这种控制活动,实际上是受"工具理性"所支配的。因此,在这两种观点中,不仅作为客体的一方是被控制、被扭曲了的,作为主体的一方也是被扭曲了的。这两种观点与教学本质(师生以课堂为主渠道的交往过程)是根本对立的。

(三)主导主体论

那么,到底谁是教学过程中的主体呢?这是教育心理学理论首先要解决的问题,也是长期以来不同教育思想争论的重点。

党的十九大报告中提出"要全面贯彻党的教育方针,落实立德树人根本任务,发展素质教育,推进教育公平,培养德智体美全面发展的社会主义建设者和接班人"[1]。全国教育大会进一步完善为"培养德智体美劳全面发展的社会主义建设者和接班人"。从"实施素质教育"到"发展素质教育",这是新时代基础教育改革发展方向上的重大变化,也是今后相当长时期内我国教育发展的一项中心工作。

就我国情况来说,从实施素质教育到发展素质教育,有不少教育工作者提出了各种意见。有人认为,学校、教师都是为学生服务的,因此,学生至上,他们提出的

---

[1] https://www.spp.gov.cn/tt/201710/t20171018_202773.shtml 中国政府网

口号是"生本主义"、"学生中心论",即一切都要从学生的需要出发。有的学者认为这种提法太片面,毕竟教师是主导整个教学过程的,因此提出"双主体论",即教师和学生都是教学过程的主体。目前,在教育界更被广泛接受的是"主体—主导论",即学生为主体、教师为主导。这一理论主张学生作为学习的主体,是知识建构与能力提升的核心;而教师则扮演着主导的角色,负责引导、启发和促进学生有效学习,确保教学目标的达成与教育质量的提升。

我们认为,"学生主体,教师主导"与以往的"教师中心论"或"学生中心论"相比,有重大的进步,那就是明确地承认了学生在教学过程当中的主体地位,但是细细研究起来,这种观点似乎也有自相矛盾之嫌。一旦教师在教学过程中的主导地位确立起来并发挥主导作用时,学生这个主体是被教师主导的,那学生的主体地位就得不到真正的体现。反过来,一旦学生的主体地位真正确立起来的时候,教师又如何能够发挥主导作用呢?"主导主体论"试图调和"教师中心论"和"学生中心论",但并没有真正超越它们,也不够全面。

二、维果茨基的"三主体思想"

维果茨基针对传统教学的弊病,对主体问题提出了他独到的见解。他说,教学过程来自三个方面的积极过程,即学生的积极性、教师的积极性以及处于他们二者之间的环境的积极性。也就是说,教学过程有三个主体:学生、教师、环境。维果茨基教学三主体思想这种提法的独创性,是历史上没有过的。那么怎样理解呢,我们从三个方面来阐述他的思想。

(一)怎么理解"主体"一词?

什么是"主体"?"主体"一词应该怎样理解?"主体"有哪些特点?这是我们理解维果茨基"主体"思想首先要明确的问题。

主体这个词在词典上的最一般的解释是"具有主宰地位的个体",是社会科学、人文科学、生物科学与技术科学共同研究的问题。哲学词典对其定义是"对客体有认识和实践能力的人"(人是活动、交往的主体,是认识世界、改造世界的主体)。在教育心理学中主体问题具有特殊地位。

从一般哲学概念的角度来说,主体就是指"人",即有情感、意志的个人或群体。人是活动、交往的主体,是认识世界、改造世界的主体。从教学过程的角度看,用维果茨基的话说,儿童自身就是他自己活动的主体。"主体"的内涵包括三个方面:(1)主体是作为对社会产生影响而进行自我调节的高级系统;(2)主体是作为个性而存在的;(3)主体是作为一种积极地反作用于客体、改造客体的活动的人而存在的,亦即能动的个体而存在的。

因此,主体表现在教学过程中有它自己的特性,也就是人的自主性、能动性、独立性及个别性(个性)。特别是人的创造性，这是主体积极性的最高表现。

(二)从教学的交往本质来看主体

人作为主体参与客观世界的活动有三种方式，第一种是人与物打交道，即人作用于物的主客体对象的活动，例如喝水，人作用于水和杯子；第二种是人与人打交道，即主体与主体的相互作用，我们称之为交往；第三种是人自己和自己打交道，即进行自我调节。这三种活动方式是紧密联系的。人通过活动认识和改造世界，获得物质财富，掌握人类社会的知识经验，形成和改善自己的认识能力和个性品质。而这一过程，必定是在人们结成一定的群体、构成一定的人际关系时才能进行的。即使鲁滨逊也不能离开人类的社会历史经验与物质而生存。特别是今天的大生产活动，人总是要与别人打交道(交往)，组成各种生产关系(人际关系)才能实现物质生产与精神生产。而人们为了能顺利地和别人进行合作与竞争，就必须按照社会规范和行为准则，根据自己在群体中的身份和地位以及群体的评价来调节自己的行为，也就是自己和自己打交道。

人从呱呱坠地就生活在群体中，就开始与人交往(广义地说，接生的助产士是第一个与之交往的人，虽然孩子是被动的)。人与生俱来的只有几种无条件反射(例如抓握反射、吸吮反射等)，必须在别人(首先是母亲和抚养他的人)的帮助下才能活下来。

从广义上来说，交往和教学从人一出生就开始，人的社会化过程，就是在这种交往和教学中逐渐实现的。维果茨基就是从这种情况出发，给教学下定义：作为交往和它最系统化的形式便是教学，也就是说教学是一种有组织、有计划的交往活动，教学的本质是教师和学生以课堂为主渠道的交往过程，因此教师和学生双方都是主体。

(三)学生在教学过程中的主体地位

由于传统的教育学和心理学没有认识到教学的交往本质，只是单纯地把教学理解成一种特殊的、学习人类间接经验为主的认识活动，教师是知识、经验的携带者，而学生只是接受知识的对象，什么都只能听命于教师，一切"填鸭式""满堂灌"的教学方式的思想根源就在这里。

为什么必须首先确定学生在教学过程中的主体地位呢？

1. 从学生掌握知识的规律看，学生不是也不应该是一个装知识的口袋，教师往里塞什么，学生就接受什么，学生必须在他个人经验的基础上才能理解。例如物理学中的"惯性"，孩子们是在弹玻璃球、滚铁环、乘坐公交车时骤然启动与紧急刹车的体验中理解这个词的含义的，如果没有相应的经验作基础，他就不可能理解。例如，一位家长给孩子讲"白毛女"的故事，说白毛女没有饭吃，孩子就说，那就买蛋糕吃嘛。显然，没有相应的个人经验作基础，有些知识学生很难理解。

所以，维果茨基说，教学过程中的一切都来自学生的个人经验，受教育者个人的经验乃是教育工作的主要基础。维果茨基在这里强调的"基础"就是孩子的一定成熟水平,已有的知识经验、理解水平,还包括他对学习的期望。维果茨基还说,教育应该这样来组织,不是有人在"灌"学生,而是学生在自己教育自己。也就是说,学生是教学过程的主体,学生必须在自身经验的基础上来学习。这就是学生是教育过程的主体的第一个意思。

2. 从交往过程的特点看,交往即是两个(或者多个)主体的相互作用,必须发挥交往者彼此的积极性、主动性,交往才能顺利地进行。不许学生提问,只能静静地听,有些学校的领导和教师都很满意这样的课堂纪律,实际上学生不与老师交流,只是倾听,什么也没学到。有一次笔者上完心理学课后,问学生刚才老师讲了些什么,学生们憋了半天,一个学生才说老师就讲"狗流口水呗"(心理学课堂上介绍巴甫洛夫的条件反射学说)。

"满堂灌"的错误之处就在于完全忽视学生的积极性与主动性,教师讲、学生听,同学们之间小声讨论或向教师提出疑问,都是不受欢迎的,有的学校领导也欣赏课堂上鸦雀无声的"纪律"。

我们强调学生的主体地位,并不是削弱教师的作用。维果茨基说:"不能反过来说,学生就是一切,教师则什么也不是,这同样是错误的。"

(四)教师在教学过程中的主体地位

与传统教学把教师提到中心地位(课堂中心、课本中心、教师中心的三个中心中,主要是以教师为中心)或者"儿童中心主义者"贬低教师的作用相反,维果茨基十分重视教师在教学过程中的地位和作用。从教学的交往本质看,教师是教学过程的另一主体。维果茨基说教师要"在教学的'舞台'上导演着学生的发展,最大限度地发挥教和学的积极性"。

教师应该教什么,他的社会职能体现在哪里,怎样"导演着学生的发展",在维果茨基看来:

第一,教师是信息的携带者。在美国,以前是把教师归入服务行业的,教师为学生服务,为国家培养人才服务。而20世纪90年代以后,教师转变成属于信息行业,因为教师最重要的特点就是掌握信息、吸收信息和释放信息。尤其是当今的信息爆炸时代,老一辈那种一套讲义讲一辈子的事吃不开了。教师还必须通过各种渠道捕捉各种信息,从而完成教学任务。

从教学的交往本质看,教学的第一个功能就是师生进行信息加工。加工的主导者是教师,这时信息的来源有三,教师、教材、学生。教师的任务就是根据教材和学生的情况(知识水平、接受能力等)来备课(备教材、备教法),以便在课堂上成功地实现双向和多向的交往,在交往过程中,信息会不断地扩大、深化和增值。在教学中,教师向学生发布信息(传授知识),学生在理解和接受的过程中向教师提问,同学间互相讨论、补充,信息就扩大、深化和增值了。

第二,信息加工的过程总是带有某种态度,即肯定或否定的情感。例如教师讲述南京大屠杀,激起了同学们对日本帝国主义的仇恨;讲雷锋的故事,雷锋的精神激励着大家。也就是说,在教师的指导下,学生实现着观念、思想、兴趣、心境、情感、目标及性格等的相互交流与影响,从而逐渐形成个性。这就是教学的教育性,是教师实现教书育人任务的方式之一。

第三,在信息加工和情感互动的过程中,师生还实现着人际协调和自我调节,如教师根据学生的反馈调整自己的教案,补充必要的资料,改变自己的态度,实现教学相长。

第四,也是最重要的一点,按照维果茨基的观点,教师通过教学,要创造学生的"最近发展区"。只有能创造学生的最近发展区的教学才是最好的教学,这个问题我们将在下一章详细介绍。

由此可见,教师是教学过程中的主体。

(五)环境乃是教学过程中真正的杠杆

在维果茨基看来,教学的顺利进行仅仅靠发挥师生双方的主体作用是远远不够的,因为教学(交往活动)总是在一定时空中进行的,与交往双方所在的环境(例如校风、班风等一系列因素,我们在下面再详谈)关系密切,它强烈制约着师生的活动,因此,环境也是一个主体。

我们在给学生讲课时,说"环境"也是教学过程的主体,学生理解不了,因为在他们的脑海中,"环境"是一个时空的概念,过去他们了解的"环境",都是存在于人的外部的影响力,环境怎么能是主体而且是具有积极性的主体呢?这与前面给"主体"下的定义不是矛盾吗?这是维果茨基的创造,下面我们就详细地论述一下维果茨基的思想。

1.维果茨基对环境的解释

什么是环境?从心理学的角度看,一切存在于人的心理、意识之外,对人的心理和意识的形成和发展产生影响的全部条件都称为环境。环境可以分为自然环境和社会环境,自然环境又可以分为天然自然与人造自然,社会环境也可以分为宏观的社会环境与微观的社会环境(见图2-1)。

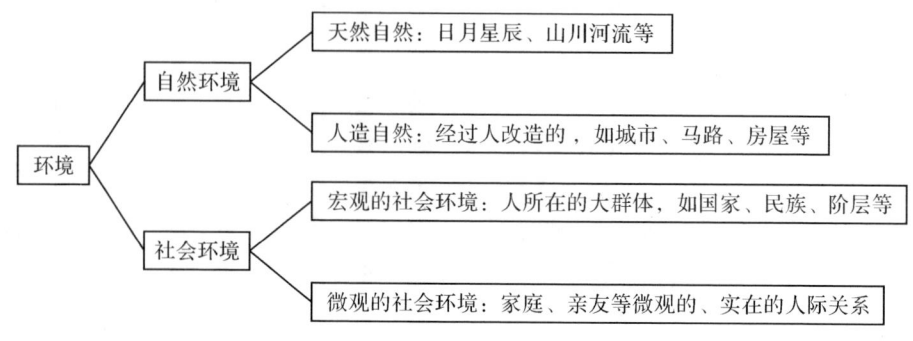

图2-1 环境

天然环境,就是天然自然,即自然存在,有它自己运行的规律,如天、地、山川河流、日月星辰等。这种自然环境对人的生存、性格都是有影响的,人们常常说,生活在高山的人性格刚强,但这并不是高山的直接作用,而是生活在崇山峻岭中为了生存要付出更加艰苦的劳动,从而锻炼了人的性格。笔者多年前曾去爬衡山,衡山半山腰有一个叫大力生产队的村庄,那里的人取水也要走很长的山路,连小孩子也变得吃苦耐劳。

另一种自然环境是人造自然,或称物化劳动,马克思称其为人类学的自然,例如城市、房屋、马路等。即经人们改造过的自然环境,物化劳动构成人的物质生活条件,这同样影响着人们的生存状态和个性形成。例如,有的城镇小学生上学要家长背着书包送到学校,和农村孩子走十多里山路到学校相比,二者对生活的适应能力大相径庭。

社会环境是人的心理、意识的内容的主要源泉,对人的个性形成起着决定性的作用。

宏观的社会环境,包括人出生后所在的大群体(属于什么国家、什么民族,父母的阶层等),每一个大群体都有自己的社会心理特点,比如民族在长期的历史发展过程中,形成了一套社会行为方式,这种方式包括服饰、礼仪、饮食、婚丧嫁娶等有别于其他民族在认识、情感、意志、性格等方面的比较稳定的特点,这些特点通过社会教化、耳濡目染一代一代地在该民族中传递下去。中国56个民族就有56种不同的表现。从动态方面看,所有社会目标、社会价值、社会规范和社会心理(如风气、时髦现象等),都是在大群体历史经验的基础上,在一定的生产力和生产关系及文化历史背景下产生的。同一民族,时代不同以上表现也有所不同。例如,笔者有一次和朋友聊天,他说现在找对象都要求男的"高富帅"、女的"白富美",他问我你们那个时代呢?我说男的要有"三员",什么叫"三员",就是党团员、技术员、工资100元,现在这不是条件了。

大群体的影响还有不稳定的一面,如群体的需要、兴趣、利益、舆论态度、牢骚等社会心理,这些随着该大群体的经济利益、社会地位、文化时尚等的变化而变化。例如以前结婚只要有几十条腿(家具的脚数),后来要有彩电,现在要有房子、汽车,少一样丈母娘都不答应;谁的孩子没考上名牌大学家长就没有面子。有些事情形成了潮流就是一股巨大的社会力量。

再看看大众传播,现今的信息爆炸时期,信息来自各种渠道,想封锁消息是很难的。手机互联网的各种媒体手段层出不穷,一个手机就打败了几十种行业(画报、照相、收音机等),极大地影响了人们的生活方式与个性形成。当然负面的影响也不容忽视,例如网瘾对儿童、少年的腐蚀作用,国家有关部门正在大力干预这个问题。

关于微观社会环境,什么是微观社会环境?广义来说就是人所在的具体的、实际的人际关系系统,其中包括家人、亲友、邻居、社区的熟人及同学等,这些都是实际接触的小群体,小群体是社会关系系统的基本细胞。由于人们的交往和相互作用,产生了一系列的社会心理现象,强烈影响着人的智力发展和个性形成,例如家庭,这是影响人最早的也是最重要的小群体。

微观社会环境、人际关系系统,我们是在同一意义上理解的。狭义地说微观社会环境,对孩子来说主要是指教育,教育是一个人成长过程中最主要的社会环境。特别是当今社会,没有人可以离开教育而成长,我国早已实行九年义务教育,现在正考虑连高中都纳入义务教育,国民素质的提高更有利于建设社会主义。

那么微观的社会环境以什么方式起作用呢?它是以群体的社会期望、规范及行为准则的形式出现的,每一个生活在群体里的人的活动都必须以社会期望作为自己的行为动机,即根据社会期望来制定自己的自我期望(抱负水平),也就是说,必须遵守群体的行为规范,而群体通过对个体行为的赞许、鼓励或者批评、制裁来实现环境的影响力,以促进个体规范自己的行为。

2. 环境的动力性质

行文至此,我们已经可以下两点结论了,在人的心理发展过程中,人与环境呈现十分复杂的关系。首先,人的社会化与个性化过程是在宏观社会环境的制约下,在微观社会环境的直接作用下实现的;其次,微观社会环境的影响是通过人的活动、交往与社会实践作为中介实现的。

因此,同一时代(例如改革开放以来)、同一大群体(例如青年群体)的环境影响是基本相似的;同一组小群体(例如同一家庭、同一学校)的环境影响也是基本相似的。那么,环境是通过什么方式来影响人的呢?

维果茨基在他的《教育心理学》一书中提出:"环境是教育过程真正的杠杆。"这是他对环境主体作用的最主要结论。"杠杆"(俄文是 Рычаг)是一个物理学概念,其涵义大家都很清楚,这个词也可以意译为推动力。维果茨基用"杠杆"一词来说明环境的主体作用,我们理解其中包含两个意思。

第一,环境是教育过程的推动力。前面我们已经说过,环境是以群体的社会期望、规范及行为准则的形式出现的。就说社会期望,改革开放后,人们惊异地发现,我们被世界科技进步的大潮远远地抛在后面,从而产生了强烈的迫切感与危机感。邓小平同志指出,要迎头赶上,关键是人才问题,"教育要面向现代化、面向世界、面向未来",他的号召成了当代青年振兴中华的理想和奋斗目标。神舟五号、六号、七号、八号、九号、十号连续上天,数以千万计的高科技人才的成长,使我国从无到有,从航天大国步入了航天强国,这是多么伟大的推动力。

第二,环境是教育过程的支点。教育过程也像杠杆原理一样,要找到一个支点,比如搬运工挪动重物,如果就这么拖,是很难拖动的,但要是用一根棍子伸到重物下面,在棍子适当处垫上一块小石头作为支点,就比较容易撬起来。马卡连柯在教育流浪儿时,很善于利用支点,就是通过集体舆论,利用集体来教育个人,有了支点就省力多了。因此,维果茨基对教师说:"社会环境乃是教育过程的真正杠杆,教师的全部作用在于控制这一杠杆。"他还说"教师的积极作用在于以极其不同的方式'塑造'、'裁剪'与'整合'对儿童进行教育的社会环境的各种因素以解他所肩负的教育任务","教师乃是教育环境的组织者,是教育环境与受教育者相互作用的调节者与监督者","教师身负着一项新的极其重要的工作,他需要成为社会环境的组织者,因为社会环境是唯一的教育因素"。

由此可见,维果茨基关于教学过程的"三主体"思想,既承认教师与学生的主体地位,也十分重视环境的作用,而环境的作用,要通过教师去塑造、裁剪与整合,三者缺一不可。

为什么是这样?因为学生是不断变化的,世界上少有一种职业的工作对象像学生那样处在每时每刻的变化发展之中;社会环境也在不断变化发展中,如何根据学生的特点,对社会环境(有正面的也有负面的)进行塑造、裁剪与整合,这是教师的主要任务。所以说,教学是一门艺术,教师的确是人类灵魂的工程师。

三、主体的积极性

(一)学生积极性的发挥

我国的教育处于不断改革中,报刊上已经发表了许多改革高考的办法,改进中小学教育的措施,这是非常可喜的事实。但是多少年来,应试教育的"势力"仍在顽固地抢夺阵地,学生学什么、怎样学,高考指挥棒说了算。中小学生家长追求的几乎都是让孩子上名牌学校,非常关注孩子的分数。在一次少年夏令营时,一个小姑娘向笔者哭诉,她父亲说考得100分就奖励她100元零用钱,考不到就扣100元,她压力很大,考试时总是战战兢兢,即使考题会也得不到100分。

发展有着多种不同的内涵,心理发展是其中最重要的。心理是人的一切活动的"指挥棒"与"调节器",是一切发展的内部基础,人的一切活动都是心理的外部表现,是心理的物化,因此我们必须从学生心理发展的高度来讨论学生主体的积极性问题。

前面我们已经说过受教育者个人的经验乃是教育工作的主要基础,包括学生的成熟水平、已有的知识经验、理解水平以及对学习的期望,从教师的工作来看,调动学生的积极性和主动性,主要应解决以下问题。

1."要他学"还是"他要学",或者说是学习目的问题,教师如何把"要学生学"和"学生要学"两者统一起来,如何激发学生的学习兴趣,是非常重要的。笔者在实验教学中有很多这样的例子。如寒假放完了,很多学生的心还没有收回到学习中来,班主任便和学生讨论"一年之计在于春"。他先是组织学生一起"忆春天",在这个基础上带学生到户外"找春天",这时学生观察到雪已经融化、小草露出小小的嫩芽、路边的小树已经有花苞。过了几天,师生又一起出游,到郊外去"看春天",这时周围一片嫩绿,小燕子已经回来了,农民在浸谷种,田地里一片繁忙的景象。最后,老师让学生们"写春天"。通过这一系列的活动,学生深刻体会到抓紧时间学习,不浪费人生之春的重要性。全班学习语文的热情与积极性大大地提高了。

有一个班的学生普遍不喜欢数学,很大的原因在于教师教学不得法,使他们感到数学课乏味。换了一位教师后,第一堂课就是教圆周率和计算圆面积,教师要求学生上课前从家里带一把软尺,用纸剪三个大小不同的圆,上课时要求学生量一下圆的周长和直径,然后计算周长与直径的比值,结果学生得到的答案都是 3.1416,为什么大圆小圆都是 3.1416 呢?经过自己的计算与思考,学生明白了。接着教师与学生复习三角形、长方形的面积计算方法,然后以圆的直径为底边,在圆周上以多个点作顶点画三角形,计算它们的面积,经过不断演算后,最后大家得出了圆面积的计算公式。课后,学生反映这堂课很有趣,既动手又动脑了,有学生说:"这回我学会'造'公式了。"从此,大家对数学都产生了很大兴趣,愿意学习了。这就是通过教学使学生理解学习过程,从而发挥他们的学习积极性。

2.学习内容要有一定的难度,赞科夫关于教学提出了五个原则:高难度,高速度,理论知识起主导作用,使学生理解学习过程以及使全体学生包括"后进生"都得到发展。这里我们只谈高难度。

什么是高难度呢?赞科夫的意思并不是越难越好,而是要在学生的成熟水平与知识经验水平的基础上提出新的要求,这个要求是学生当时力所不及的,但是经过一定的努力,又变成了力所能及的。正如一些教师会要求学生跳一跳,跳起来就能摘到桃子,太难或者太容易会使学生丧失兴趣。不少小学教师对笔者诉苦说:"现在的一年级小学生太难教了,有的还没上学就已经认识 2000 多个字,学会加减乘除了;有的什么都没学过。教浅了前者会丧失兴趣,教深了后者一头雾水,什么都不懂。"所以,教学一定要掌握一定的难度,让学生付出一定的劳动,经过自己紧张的思维活动,然后有所收获,享受到成功的欢乐,同时激发他们进一步探究的热情。

3.要让学生做到"乐学",中国的古训是"书山有路勤为径,学海无涯苦作舟",从攀登科学的高峰看,不经过艰苦奋斗是不能达到山顶的,但从教学的过程看,我们都要提倡"乐作舟"。正如赞科夫所指出的学生"高高兴兴"地学与"愁眉苦脸"地学效果是完全不一样的,片面追求升学率,只想把学生关在教室里,捆在作业上,甚至连常规的课外活动也不让参加,毕业班尤甚,这样学生哪里还有主动性和积极性呢?

(二)教师积极性的发挥

维果茨基在《教育心理学》一书中,用整整一章来讨论教师的作用。他引用了许多名家的话来说明,如伟大的捷克教育家夸美纽斯说:"太阳底下没有比教师这个职业更高尚的了。"俄国的托尔斯泰认为,教师必须是一个具有高尚美德的人,教师要通过他个人的榜样来感染儿童。真的是这样,在遨游太空的宇宙飞船里,在最先进的AI(人工智能)行业里,在金色的滚滚麦浪以及引人入胜的文艺作品中,不论是哪一条战线的成就,无一不饱含人民教师的心血与汗水。

有人说,人类或许可以缺少这样或那样的职业,但是绝不可以没有教师。人类在生产和生活斗争中所总结出来的知识经验,一代一代地往下传,靠的就是教师。俄国教育家乌申斯基说:"教师是人类历史上一切优美和崇高的事业与新生一代之间的桥梁"。1978年4月22日下午,邓小平同志出席全国教育工作会议开幕式并发表讲话,指出:"要尊重教师的劳动,提高教师的质量。一个学校能不能为社会主义建设培养合格的人才,培养德智体全面发展、有社会主义觉悟的有文化的劳动者,关键在教师。要提高人民教师的政治地位和社会地位。不但学生应该尊重教师,整个社会都应该尊重教师。"[1]古往今来,凡是有远见卓识的政治家都是很尊重教师的。1870年普法战争普鲁士获胜,国王第一杯庆功酒就献给小学教师,因为当时普鲁士大力普及小学教育,国民素质大大提高,法国总统蓬皮杜本人是师范学院毕业的,他在位时吸收最优秀的青年教师进师范院校,毕业后再上两年教育学院才能当老师。

那么,教师的主体积极性表现在哪里呢?前面已经引用过维果茨基的话,教师要在教学的舞台上导演着学生的发展,最大限度地发挥好教和学的积极性。

教师的积极性从哪里来呢?维果茨基提出了热情,要求教师应有教书育人的热情。这种热情是发自内心的,来自教师认识到教师职责的崇高与神圣,来自强烈的信念,来自不断追求真理,等等。

"尊师重教"是一个国家,一个民族文明的重要标志之一。教育工作是一项"百年树人"的大事业,直接关系到未来一代新人的成长,关系到中国百年梦的实现。那么,教师的积极性有哪些特点呢?

第一,教师的劳动对象是人,即学生,这是一群身心正在迅速发展、变化着的儿童与青少年,他们时刻接受来自家庭、学校、同伴、社会以及大众传播的影响,世界上没有哪种劳动的对象本身是这样时时刻刻变化着的,他们既是受教育的客体,同时也是教育的主体,教师不能说什么就是什么,而是要充分调动学生的主动性和积极性,才能收到教育的效果。

第二,教师劳动过程也是特殊的,教师劳动不像别的劳动生产一样是人与物(劳动对象)打交道,而是主体与主体的相互作用,教师要不断地根据学生的反馈来调整自己的工作,教师本人的特点(如个性)也在不断地影响着学生,即所谓的"言

---

[1]《邓小平文选(第二卷)》,人民文学出版社1994年版,第108—109页。

传身教""教学相长"。

第三,教师劳动的效果的不确定性。每一位教师在培养学生上都尽了自己的责任,但孩子的成长变化并不只与一位教师有关,而是教师集体的成果。

第四,从工作时间看,教师的劳动难以用时间来计算,备课、上课、改作业、家访与学生谈话等,都不能像工人或办公室人员以8小时来计算,对教师(如中小学)的工作时间,我们认为不能以机械的"坐班制"来计算的,而要看实效。

所以,维果茨基说:"要有多出百倍知识的人,才能够用令人感兴趣的形式来教学,才能给学生指明方向。"他还说教师"应当掌握的东西如过江之鲫"那么多才成。

爱心,爱学生这是主要的,"文革"中一些教师作为挨批斗的重点对象,其罪行主要就是"母爱教育",母爱教育不对吗?没有爱,任何方法都不能成为教育力量。

于此,笔者想起来一件事情,一次班里丢了钱,是某位同学拿来交学费的。当时经过大家回忆,有三个同学被怀疑作案,可是他们怎么都不承认,班主任把这三个同学叫到办公室,也"审"不出来。校长来了,问明情况后,让全班穿外套的同学把自己的外套交出,然后在教室等着,校长终于在某件外套里把钱找到,然后把衣服还给孩子们,既找到了钱又保护了犯错误同学的隐私,给他不伤面子又能改正错误的机会。一方面,校长的机智和处理偶发事件的能力使事情有一个好结果;另一方面,校长此举正是出于热爱学生,故以此方式来保护、教育学生,这正是一个优秀教师的品质。

(三)环境积极性的发挥

在人的心理发展过程中,人与环境呈现出十分复杂的关系,我们都知道的常识:心理是人脑的机能,是客观现实的能动反映,是人活动的结果。客观现实是不断变化的,人的活动也是不断变化的,主观和客观总是处于对立的统一体之中,人的心理由此构成一个多结构、多层次、多水平的十分复杂的系统。

我们与环境机械决定论的区别,就是不把环境看成是不变的、静止的、外部的决定力量,不认为人只是被动地受环境的支配,环境也是一个多结构、多层次、多水平的主体。

马克思说:"人创造环境,同样环境也创造人。"[1]正如前面已分析过的,人一出生就属于一定的群体(大群体与小群体),处于一定的人际关系之中。从环境的角度看,人是环境影响的客体,但并不是被动地接受环境的摆布。作为主体的人,总是对那些作用于自己的刺激物表现出积极性与选择性。也就是说,当人与客观世界相互作用并积极地对待客观世界时,他同时也在改变环境,改变环境对他影响的性质,人成了环境的主人,成了改变环境的力量。人的发展是可能性向现实性的转化,同时又是现实性向新的可能性的转化,这就是人的主观能动性,主观能动性

---

[1]《马克思恩格斯全集》第3卷,人民出版社1960年版,第43页。

是人的最高层次的内因。

环境对人的影响以及人对环境的态度是怎样起改变作用的呢？

第一，环境对人影响的大小是以人的态度为转移的。

上面已经说过，人不是被动地而是主动地与环境相互作用的。这种相互作用，首先表现在人对环境的认同感上，目标认同是最主要的因素。如薛宝钗对封建社会的那一套制度高度认同，因此，她动不动就劝贾宝玉好好读书、注重仕途，而宝玉则十分反感，他骂那些官员为禄蠹，根本不去背那些"四书""五经"之类的东西，贾政（代表封建社会那套标准）把他打个半死。这体现了目标认同的差异。在目标认同的基础上，产生了情感的认同、行为方式的认同。人愿意按照环境的要求行动，这样环境对他的影响就是正面的，他对这个环境就产生归属感。我们的青年热爱祖国，高度认同中国式现代化全面推进中华民族伟大复兴的目标，从而努力学习，以积极的态度塑造自己的人生观和世界观。相反，一些有着反社会倾向的人，甚至做出损害国家和人民的反社会行为，当然就会受到制裁。

所以，在我们进行教育的过程中，研究学生的参照群体（或称榜样群体）很重要，一个学生如果处处都以他所在的亲社会群体为榜样，也就是说认同该群体的目标，与群体有着一致的情感，按照群体的要求行动，那么他就是该群体中积极的一分子。

第二，环境的影响力以人在群体中的地位与贡献为转移。

每一个人在人际关系系统中都扮演着一定的角色，具有一定的身份和地位，对群体做出一定的贡献，地位愈高、贡献愈大，群体给他的回报也愈多，这不一定由于他是什么"高官"，是什么"长"（制度权威），或是出于他的专长（专业权威），例如姚明、刘翔，他们对我国的体育事业的贡献巨大；而有的人并不具备什么特殊的能力，但他们优秀的个性品质成了大家的榜样（人格权威），例如陈贤妹，一个捡破烂的老婆婆，在18个人经过车祸现场无动于衷的情况下，她伸手救了被撞至重伤的小女孩，这件事在全社会产生了巨大的影响，陈婆婆得到了很高的赞誉。由此可见，一个人在群体中贡献愈多、地位愈巩固，社会给他的肯定愈多，他与群体的亲和力也就愈大，群体对他的接纳程度就越高。

然而，人对环境的态度以及环境对人的态度并不是生来如此或者固定不变的，环境在影响人，人也在创造环境，即环境与人的关系总是处在不断变化之中。集体对个人的参照（榜样）程度、集体对个人的接纳程度对个人的成长固然至关重要，但更重要的是人的积极性，即人创造环境、改变环境对自己影响的性质。人既是环境影响的客体，也是改变环境的主体，人变成了环境中的一种力量。

笔者有个学生，在"文革"初期，其继父被打成反革命，他和他哥哥（一个14岁，一个16岁），两人从北京一路逃难，沿途乞讨，最后流落到东北双城某一个乡下。开始，当地人对他们并不怎么样，他们每天只能赚到6—8个工分，生活非常艰苦，哥哥虽然年长些,但悲观失望,反正是"先天反革命"了,还有什么前途?弟弟却不这样想,他白天积极劳动,晚上就给村民讲故事,帮助大妈们挑水。东北很冷,冬天夜长,大家都没有什么事情可做,就到他屋里听故事。后来队里不要他出工了,让他每天白天在家看书,晚上给村民讲故事,一天记8个工分。就这样,这孩子与当地人的关系很融洽,大家都主动地帮助他,他生活得很愉快。也就是说,他努力给自己创造了良好的人际关系,改变了环境对他影响的性质,他自己也就成了环境的主人。改革开放后,他以小学学历考上了北京大学。

四、为学生创设一个良好的环境

(一)对传统教学环境的反思

由于传统的教学没有把环境看成是主体,没有把教学看成是交往,没有把教学看成是师生的共同活动,因此就不能调动环境的积极性,不能把环境作为一种重要的教育力量。从维果茨基理论的角度看,最突出的弊病是"单干",是"手工业方式"。

表现在课堂教学上:维果茨基的学生赞科夫非常强调"课堂社会",课堂并不是一个纯空间的概念,不只是师生活动的场所,而是一个"社会",它具备了"社会"的各种社会心理特点。

在传统的课堂上,座位的安排是秧田式的,横成排、竖成行,每个学生面向教师,而只能看见别的同学的后脑勺,即只有个人空间,没有集体空间,师生的交往是单向的(双向时也是个别进行的),这不利于教学交往。正如前面说过的,教学是一个交往过程,三个主体在相互作用时,需要有一定的集体心理气氛,才能进行信息交流、情感互动、掌握知识技能与形成个性。

表现在思想教育上:传统的教育方法强调的是个别教育,例如对待难教学生,教师进行个别谈话、家访,所谓"晓之以理,动之以情,导之以行",做到苦口婆心。有的班主任,下课后就找学生个别谈话、家访,一天累到晚,但常常收效甚微,或者一时见效,当孩子一回到他的小群体,哥儿们的一两句话,就抵消了教师多次的劳苦,这是为什么?当然我们不否定个别教育的必要性,并且很佩服那些任劳任怨的教师,但是他们这种"手工业方式"却是事倍功半的。他们应该学会利用环境的力量,维果茨基说:"教师身负着一项新的极其重要的工作,他需要成为社会环境的组织者,因为社会环境是唯一的教育因素。"他强调:"如果说教师在对学生的直接影响上是无能为力的话,那么他通过社会环境对学生施加间接的影响则是全能的。"

(二)优秀的微环境及其功能

既然社会环境如此重要,那么,我们应该给学生创设一个怎样的环境呢?

上面已经分析了,人既属于一定的大群体,同时也属于一定的小群体。来自大群体的影响,包括社会文化传统、社会当前的价值取向以及社会的整个控制方式等,作为教师是无法改变的,但可以筛选、整合与剪裁。

这里我们着重谈一谈微观的社会环境的建设。从培养人的角度来看,学校是学生最重要的微社会环境。第一,学校是一个有目的、有计划、有组织的教育人的机构,它的一切活动都是精心设计的;第二,无论是寄宿学校还是走读学校,学生大部分时间都是在学校度过的。学生个性的发展、知识的掌握与智力发展主要是靠学校。苏霍姆林斯基说过:"学生到学校来,不只是学会学习,还学会生活,学会做人。"

班集体又是学校最优秀的微观社会环境,学生一天至少有 8 个小时以上生活在班集体中。从 1983 年起,我们就根据维果茨基的理论,在中小学开展了"班集体建设与学校整体优化"的自然实验,创造一个最佳的微社会环境以促进学生的个性发展。在长达十年的实验研究中,总结了班集体的主要特征:班集体乃是一个以儿童与青少年为主体的具有崇高的社会目标、以亲社会的共同活动为中介、以民主平等与合作的人际关系为纽带,并促进其成员的智力和个性得到充分发展的有高度凝聚力的共同体。

基于我们对班集体的基本认识,我们总结了班集体对于学生的个性发展有如下功能:

第一,班集体的目标导向功能,班集体的目标是班集体团结的思想基础、前进方向,它对学生的个性倾向性(需要、动机、兴趣、爱好、理想、信念与世界观)起导向作用。

第二,班集体具有全面提高教学质量特别是课堂教学质量的功能,教学不仅是班集体的基本构成与核心活动,更因其高度的权威性和强大的吸引力,成为引领学生成长的关键环节。班集体作为一个精心构建的微环境,致力于为学生打造一个最为优化、高效的学习环境。

第三,班集体对社会影响的筛选功能,除了学校,来自社会的各种影响(例如大众传播、家庭、友伴、社区、手机等)每日每时都在作用于学生,班集体能通过自己的舆论、活动对之进行筛选,取其有利于学生个性发展的因素,抵制不良影响。

第四,班集体对各方面教育影响的整合功能,即把来自各方面的要求纳入自己的教学活动的计划中。

第五,班集体对其成员的参照(榜样)功能,学生的个性,从某种意义上说是在参照群体的直接影响下形成的。优秀的班集体就是学生最好的参照群体,如果能按参照群体的要求来要求自己,便会进步更快。

第六,班集体的熔炉功能,班集体能够充分运用自己的机制(团结、互助、模仿、竞争、角色、期望、情感生活等),使每一个集体成员的学习成绩、能力与个性在集体中得到充分的发展。即使后进学生,在这一热烘烘的熔炉中也能得到进步,就像一个炉火正红的煤炉,扔进一些黑煤球,也能使煤球立刻燃烧起来,我们称之为"煤炉效应"。

第七,班集体的自我完善功能,随着班集体的形成和发展,班集体的管理和自我管理机构日益完善,这对班集体成员的个性影响愈加全面与深刻,更加有利于学生优良个性的形成。

我们在实验中还研究了班集体前进的动力与衡量班集体发展水平的标尺。包括集体共同心理现象的指标,如团结指标、人际关系指标、舆论水平指标、情绪认可度指标以及集体的心理气氛指标等;成员个性发展的指标,如个人能力发展的指标、个性品质表现的指标、行为特征的指标等,详见龚浩然、黄秀兰于2002年在广东教育出版社出版的《班集体建设与学生个性发展》。

❖ 本章思考练习

1. 以下哪个是维果茨基的教育理念? （　　）
   A. 教师中心论　　　　　　　　B. 学生中心论
   C. 主导主体论　　　　　　　　D. 教学三主体

2. 维果茨基认为(　　)是教学过程的杠杆。
   A. 教师　　　B. 学生　　　C. 环境　　　D. 班级

3. 论述题:谈谈你对教学过程的本质的认识。

4. 论述题:谈谈你对维果茨基"教学三主体思想"的认识。

参考答案

1. D

解析:维果茨基基于教学交往的本质提出了教学三主体的思想,即教学过程中的主体有教师、学生和处于二者之间的环境。故本题选 D。

2. C

解析:维果茨基针对传统教学的弊病对主体问题提出了他独到的见解。他说,教学过程来自三个方面的积极过程,即学生的积极性,教师的积极性以及处于二者之间的环境的积极性。也就是说,教学过程有三个主体:学生、教师以及处于二者之间的环境。故本题选 C。

3.教学过程是教师与学生以课堂为主渠道的交往过程。教师与学生是交互主体的关系,首先,教师和学生都是教学过程的主体;其次,教师与学生这两类主体在彼此尊重差异的前提下展开持续的交往,形成"学习共同体",在自由民主的气氛中,把课堂建构成一个真正的"生活世界"。教师与学生的交往以课堂为主渠道。

教学过程是教学认识过程与人类一般认识过程的统一:特殊与一般的关系,教学认识过程必须符合人类一般认识过程即"直观—思维—实践"这一基本路线。学生学习间接经验是以其直接经验为基础的,只有当间接经验真正转化为学生的直接经验的时候,它才具有价值,才能成为人的发展资源。

教学过程是教养和教育的统一。教养是指体现于各门学科中的学科知识,教育是指道德教育、思想品德教育。教学永远具有教育性。首先,各科知识都会对学生的思想、情感、态度、价值观产生影响;其次,掌握知识的过程也具有潜在的教育性;第三,教学过程中的氛围和人际关系也会影响学生的品德和性格。教学过程中学生不仅能掌握知识、发展能力,而且会形成和改变思想品德和价值观念。

4.维果茨基针对传统教学的弊病,对主体问题提出了他独到的见解。他说,教学过程来自三个方面的积极过程,即学生的积极性,教师的积极性以及处于二者之间的环境的积极性。也就是说,教学过程有三个主体:学生、教师以及环境。

学生的主体性体现在:从学生掌握知识的规律看,学生不是也不应该是一个装知识的口袋,教师往里塞什么,学生就接受什么,学生必须在他个人经验的基础上才能理解;从交往过程的特点看,交往即是两个(或者多个)主体的相互作用,必须发挥交往者彼此的积极性、主动性,交往才能顺利地进行。

教师的主体性体现在:第一,教师是信息的携带者;第二,信息加工的过程总是带有某种态度的,即肯定或否定的情感,在教师的指导下,学生实现着观念、思想、兴趣、心境、情感、目标以及性格等的相互交流与影响,从而逐渐形成学生的个性;第三,在信息加工和情感互动的过程中,师生还实现着人际协调和自我调节,实现教学相长。教师通过教学,要"创造"学生的"最近发展区"。

环境的主体性体现在:在维果茨基看来,教学过程的顺利进行仅仅靠发挥师生双方的主体作用是远远不够的,因为教学(交往活动)总是在一定的时空中进行,与交往双方所在的环境(例如校园、班级等环境)关系密切,它强烈地制约着师生活动的效果,因此,环境也是一个"主体"。维果茨基在他的《教育心理学》一书中提出:"环境是教育过程真正的杠杆。"第一,环境是教育过程的推动力;第二,环境是教育过程的支点。

本章导读：维果茨基的教育理论中，最为人所熟知的便是其提出的"最近发展区"。他富有创造性地、科学地阐述了教学与发展之间的紧密联系，强调教学要走在发展的前面、教学要引领着发展、教师要在教学的舞台上"导演"着学生的发展。作为众多高等教育学府教育学研究生入学考试的关键考点，同时也是国家教师资格证考试的必考内容，"最近发展区"理论无疑具有举足轻重的地位。在本章中，我们将深入剖析这一理论，以期对其有更全面、更细致的理解。

第三章　最近发展区理论

教学与发展的关系，是儿童心理学、教育心理学、教育学以及各科教学法等都在探讨的重大理论问题，是当前素质教育必须解决的根本课题之一，也是制定教学原则、教学计划的依据。然而，古今中外，对此都争论不休，从我国古代的"生而知之"还是"学而知之"，西方柏拉图的天赋说、洛克的白板说，到近现代考夫卡、格赛尔以及皮亚杰等许多哲学家和教育家心理学家的说法，林林总总，虽然各有其根据，但都没有完全解决这个问题。

弄清楚教学和发展的关系是非常重要的，它能使我们站在辩证唯物主义的立场上，正确地理解心理发展的动力、心理发展的内部矛盾以及内部矛盾与外部条件的关系，从而把教学摆在正确的位置上，发挥教学的最大可能性；同时，对教学和发展关系的认识，也是建立教学原则的出发点。

维果茨基天才地论述了教学与发展的关系，提出了一套全新的理论——最近发展区，在全世界引起了巨大的反响。这从当前世界的"维果茨基热"可见一斑。

维果茨基在他的著作《教育心理学》以及《学龄前期的教学与发展》《学龄期的教学与智力发展问题》《教学与发展的动态联系》《儿童期高级注意形式的发展》等论文中，都精辟地阐述了教学与发展的相互关系的原理。

浙江大学心理学教授龚浩然、黄秀兰同志在20世纪80年代根据维果茨基"教学三主体思想"以及"最近发展区理论"开展班集体建设的自然实验研究，实验从浙江辐射到全国20多个省市，实验班最多的时候达10000个，并且将实验的结果总结撰写成《班集体建设与学生个性发展》一书。

近年来，我国教育界也非常重视维果茨基最近发展区理论，各个省份的教师资格证的考试当中也不断地出现此类考题。为此，我们将从以下几个方面来阐述教学与发展的关系、最近发展区理论。

一、教学与发展的含义

(一)什么是教学？

在辞典和教育学的教科书中，"教育"是一个大概念，指按照一定社会、一定阶级(主要是统治阶级)的要求培养人的工作。教育是上层建筑，它是为一定的经济基础服务的。"教学"则是指实施教育的一种途径或方式，即教师把知识技能和社会经验传授给学生的过程。

维果茨基从心理学的角度对教学做了许多精辟的解释。首先他从社会文化历史的基本原理出发，给教学下的定义是："儿童的教学可以定义为人为的发展"，"作为交往和它最系统化的形式便是教学"。

从以上的定义中，我们明确了以下四个问题：

(1)教学交往不同于一般的交往活动，是师生有目的、有系统进行的；

(2)教学必须是具有某种知识的人与没有但需要获得某种知识的人之间进行的活动，他们之间的知识是不平等的，但人格是平等的；

(3)通过教学的交往，教师在传授知识(组织信息，发布信息)过程中得到"教学相长"，学生在接受知识(吸收信息，将信息纳入自己已有的知识系统中)后实现获得知识和使知识增殖；

(4)教学的目的是学生的发展，只有促进发展的教学才是良好的教学。

教学又可以分为广义的教学和狭义的教学。广义的教学是儿童通过活动和交往以个体经验的形式掌握人类的精神生产手段，这种教学是从人一出生就开始的；狭义的教学是有目的、有计划进行的活动，这种教学在不同年龄期都有自己不同的特点。

维果茨基在《学龄前期的教学与发展》一文中把儿童不同时期的教学分成三种类型。他认为三岁以前的儿童是按自身的程序来学习的，例如语言，他是在与周围环境的相互作用中产生对语言的需要，故而来学习语言，可称为自发型教学；到了学龄期，他便按社会的需要所制定的课程来学习，称为反应型教学；而学龄前期，一方面，他有可能接受幼儿园要求的程序，但这种程序又要符合儿童的需要，可称为自发—反应型教学。

换句话说，0—3岁的儿童只能做那些符合他兴趣的事，学龄儿童能做老师要求他做的事。学龄前期，儿童到了3岁，"一种新型的教学对儿童来说开始变为可能"(即按照教师的要求)，但严格说来，这种要求必须符合儿童自己的需要才可以被接受，这就是教师最困难的任务。例如，目前有些幼儿园教师出于良好的愿望，不适当地把一些小学教材运用到幼儿园教学中，过早地要求儿童读、写、算，加重了孩子的心理负荷，影响了他们的发展。

教学交往有其自身的特点。第一，教学交往内容的目的性与系统性。通过教学给予学生系统的知识、技能和亲社会思想观点与促进智力发展。第二,交往形式的多样性与网络性。根据不同的教学内容,师生间可以进行直接的交往(讲授、提问、讨论等),也可以进行间接的交往,例如学生自学、独立完成作业、非正式群体的友谊等。无论是课内还是课外,师生间、同学间都应该形成交往的网络。第三,教学交往气氛的民主性与平等性。教学必须是在知识经验存在差异的人们之间进行,但这并不是说他们在人格尊严上也有差异。师生是彼此间相互关系的"创造者",因此,教师必须尊重学生,与学生建立民主、平等、合作、融洽的师生关系,才能在愉快的心理气氛中实现教学目的。

维果茨基对教学类型的分析是要说明这样一个思想,即教学必须符合儿童的年龄特征,必须以儿童一定的成熟性作为基础,他说:"教学这样或那样地与儿童的发展水平相一致,这乃是通过经验而确立并多次证明过的不可争辩的事实,只有到一定年龄才可以开始教识字,达到某一年龄才可能学习代数,这是无须再做证明的。"这是问题的一个方面,另一个方面就是教学如何促进学生的发展。

(二)什么是发展?

发展既包括种系发展,也包括个体发展,这里主要谈谈人的个体发展。

发展必定是一种前进运动,退行性的变化不能称为发展,儿童生理上的前进运动可以称为成熟或者发育。因此,心理学中"发展"这个词,我们认为主要是指"心理发展"。历史上许多心理学家对发展下过不同的定义。如华生认为,发展是婴儿所经历的学习机会加以塑造起来的,他继承了洛克的白板说;格赛尔则把发展看成是婴儿从其人类本性和个体本性两者出发而渐臻成熟;弗洛伊德强调发展过程的生物内驱力;皮亚杰有名的发展图式大家也是很清楚的。他们基本上都是从自然主义出发的。

在个体发展中,我们看到三种发展现象。第一种是个体发育,从胚胎时期就开始了,这是指一个人的遗传素质按顺序解码的过程,例如六个月长牙、一岁开始学会行走,没有人是先长胡子再长牙的;第二种是低级心理机能的发展,这是种系发展的连续,维果茨基在他后来的研究中指出了人的低级心理机能的发展与动物不同,也是有中介结构的;第三种是高级心理机能的发展。维果茨基指出,对于人来说,这几种发展都是融合在一起的。

就我们所接触到的材料看,维果茨基在自己的著作中没有给"发展"下过具体的定义。对发展、智力发展、心理发展与高级心理机能发展等概念,他似乎是在同一意义上使用的。但他在高级心理机能发展理论中反复强调了人的高级心理的起源、进程和特点。因此,按照维果茨基所表达的思想,发展乃是指一个人(从出生到生命结束)在与周围人交往的过程中,在环境和教育的影响下,在低级心理机能发展的基础上,逐步向高级心理机能(个性)转化的过程。发展应该既包括智力发展,也包括情绪、情感的发展和意志的发展,乃至整个个性的发展。

(三)发展的质的指标

维果茨基认为,高级心理机能或者说智力的发展是有质的指标的,那么心理机能由低级向高级发展的标志是什么呢?我们把维果茨基的论述概括为四个方面,或称为"四化",即随意化、抽象—概括化、整合化与个性化。

第一,随意机能的形成与发展。所谓随意机能,就是指当相应的外界刺激没有出现,或者没有发生较强作用,或者无关刺激不断干扰的情况下,人能凭自己的主观愿望和意志,努力把某些事物的表象呈现在自己的头脑中。年龄愈小,随意机能的水平愈低,刚出生的婴儿只有某些非随意机能,比如感觉、知觉、低级情绪等,慢慢地他能凭借自己的主观意图,克服困难,主动地引起某些心理活动和完成相应的行为。随意机能的发展是心理水平提高的标志。例如,幼儿园的教学必须使用各种有趣的直观教具吸引儿童的注意;小学生的随意机能有很大发展,能按照教师的要求认真地听课;大学生可以连续几个小时听理论讲座,因为大学生对随意机能的控制能力已经得到相当的发展。维果茨基说:心理学应该成为自我行为的控制学,心理学达到最高的境界是应该找到控制自己行为的规律。

第二,抽象—概括机能的形成与发展。即儿童能通过抽象—概括形成不同级别的概念,并且运用它们进行判断和推理,以掌握各种知识体系。儿童的抽象—概括水平的提高是依靠各种符号系统(主要是词)为中介实现的。随着儿童知识经验的不断增长,词的概括作用不断扩大和加深,儿童的心理机能便逐步由低级到高级转变,最后整合成最高级的意识系统。例如,我们曾在小学中做过一个理解寓言《愚公移山》的实验,一年级小学生听完故事后,一个孩子说:"挑一担土,来回走一年,到哪里吃饭啊?"另一个学生说:"一担土,一边走,一边抖,抖掉了就回来啦。"这说明他们还不会从故事中抽象—概括出一定的道理,只看到表面的、他熟悉的现象。中年级学生听完故事后说:"故事教我们不要怕困难。"高年级同学能够从寓言的特点理解故事的教育意义,有个学生还联系到当时抗日战争的环境,讲述中国人民不怕艰难险阻、坚持打败日本帝国主义的道理。

第三,整合机能的形成与发展。随着年龄的增长与知识的掌握,儿童各种心理机能之间的关系发生变化并重新组合,形成高级的心理结构。维果茨基说,学龄前儿童是知觉占优势的,他只能理解他知觉到的东西,是以记忆为中心的;到了小学,思维能力开始发展,由于有思维的加入,知觉、记忆的性质发生变化,形成了新质的意识系统。有个七岁的小男孩,老师要求他背诵王勃的诗:"披襟乘石磴,列籍俯春泉……"他背了好多遍,还是记不住,笔者把诗的内容和意境给他解释了一下,他理解了,读两遍就基本上能背了,这是由于思维在这里起了主要的作用,记忆得到了提高。因此,维果茨基说:"心理发展不仅表现为各种心理机能的变化,而且更重要的表现为它们之间的联系与相互关系的变化。这一切正是人的意识所特有的,它们决定了意识的系统结构性。"

第四，个性的发展，随着高级心理机能的发展，它变得愈来愈强烈地带有个人的特点，即个性化。也就是说，人的心理机能（高级的）不断增加个性倾向性的特点，例如我们在小学生中，已经观察到学生兴趣、爱好、学习动机的个人特点；各人的能力也不一样，特别是自我调节的能力，这些都逐渐制约着人的心理活动。

高级心理机能（智力）发展的质的指标是由低级心理机能向高级心理机能的"四化"（随意化、抽象—概括化、整合化、个性化）。这是维果茨基从社会文化历史发展的观点对发展、心理发展、智力发展作出的合理解释。

(四)发展的连续性和阶段性

既然承认发展有质的指标，那么它们是怎样连续发展的？在什么情况下发生质的飞跃的呢？

有的心理学家如德国的彪勒认为发展是渐进的，自然界没有飞跃，儿童的心理是个整体，具有生物的机能，因而儿童的心理发展的内部节律是与生物机能联系的，外部影响只是局限或者阻滞这种内部节律而已。

维果茨基从马克思主义的发展观出发，认为儿童心理发展是有连续性的，在一定的时期内，有一个相对稳定的、平静的阶段。在这一阶段，内部变化是平稳的、不易察觉的，发展主要靠个性的微小变化来完成，也就是量变。当这种量变积累到一定程度时，就会以飞跃式的某个年龄的新质的形式出现，即在短期内，儿童的个性出现剧烈的变化。因此，发展既有连续性，也有阶段性。

我们在生活中常常可以看到这种情况。我们观察到一个小朋友，在小学读书时，奶奶每天给他检查功课，星期天跟着爸爸妈妈去饮茶。上初中的第一天，他就不让奶奶看他的作业，星期天也不跟父母上街，还笑话妹妹，叫妹妹是"小屁孩"，他是中学生，俨然是个大哥哥，"成人感"一下就膨胀起来。

引起质变的原因是什么？心理学家也有不同的解释。有人认为主要是生物因素或者是所谓内驱力，像性成熟所引起的少年心理的变化。我们认为，心理变化是要以机体一定的成熟为前提的，但不能把心理发展归结为生物发展。维果茨基批判了心理发展的自然成熟论的观点，他的学生和合作者列昂节夫提出："**主导活动**形成或改造着个别的心理过程，在该发展时期中所观察到的儿童的个性的基本心理变化……也取决于这种活动。"

综上所述，人的心理发展是低级心理机能向高级心理机能发展，是受社会文化历史发展的规律所制约的。

二、教学与发展的关系

弄清教学与发展的关系至关重要，否则我们便找不到教学的起点。维果茨基在谈这个问题时，首先分析了当时一些著名心理学家提出的原理及教育界广泛流传的观点。

(一) 教学与发展的几种观点

第一种观点,儿童的发展过程不依赖于教学过程。在这些理论中教学被看成是纯粹的外部过程,它要适应儿童的发展进程,但它本身并不积极参与儿童的发展,它不会改变儿童发展中的任何东西,与其说它推进儿童的发展过程和改变儿童发展的方向,还不如说它是利用发展的成果。皮亚杰就是持这种观点的典型代表,他是完全脱离开儿童的教学过程去研究儿童思维发展的。例如皮亚杰问一个 5 岁的儿童:"太阳为什么不会掉下来?"这样提问的目的就是要排除儿童的知识经验,迫使他去思考那些分明是新的、他所不容易了解的问题,以便了解儿童的思维完全不依赖于知识经验和教学的纯粹趋向。

持这种观点的人认为,儿童的推理和理解、关于世界的表象的理解、对自然的因果关系的解释、对思想的逻辑形式和抽象逻辑的掌握,都是不受学校教学方面的影响,而由他自己本身来进行的。也就是说,这一派理论的观点是:发展应该完成其自身的一定的完整系统,某些机能应该在教学之前成熟,发展总是走在教学的前面,机能的成熟是教学的前提,教学只是充当发展的尾巴。提出教学的"量力性原则"的根据恐怕就在这里。

第二种观点,可以概括为教学也就是发展。詹姆斯是持这种观点的代表,他赋予教学在儿童发展进程中以中心的意义。他说:"教育最好能被确定为对已获得的行为习惯与动作意向的组织。"即每个人都不过是各种习惯的活的复合体。教学与发展两个过程是同等地、平等地进行着的,或者说是完全融合的,是以紧密联系与互相依赖为前提的,甚至是像两个同样的几何图形叠在一起那样。"同时性、同步性成了这一类学说的基本信条。"

第三种观点,采取把以上两种观点结合的办法,一方面,发展过程可以不依赖教学过程,另一方面,儿童在教学过程中获得一系列新的行为形式的教学,是与发展等同的。这是考夫卡所创立的二元论发展理论。维果茨基说,考夫卡的学说认为:"发展是以两种实质上不同的,然而是联系着的、彼此相互制约的过程为基础的,一方面成熟直接依赖于神经系统的发展过程,另一方面教学本身同样也是发展的过程。"

这一理论有三个方面是新的。第一,它说明第一种与第二种似乎对立的两种观点实质上有共同的地方;第二,构成发展的两个基本过程是相互依存、相互影响的,成熟过程为一定的教学过程做准备并使之成为可能,而教学过程激励着成熟过程并推动它前进;第三,这一理论扩大教学在儿童发展进程中的作用。

维果茨基在这里还讨论了被称为形式学科的问题,他不同意赫尔巴特等人的观点,认为每一门教学科目在儿童总的智力发展中都有一定的意义,从而把那些如古典语,古希腊、罗马文化等列为教学的基础,用以锻炼儿童的智力。实验证明,某一种活动形式的专门教学极少反映在另一类活动形式上,甚至极少反映在与前一种活动形式特别相似的活动形式上。在我国,过去也曾有些教育学和心理学工作者同意这种观点,他们甚至主张把围棋、象棋等列为中学生的主修课,认为这些比学数学更能锻炼学生的思维能力。

维果茨基认为,考夫卡的观点比皮亚杰和詹姆斯的观点明显进了一大步,但是,他们都没有真正阐明教学与发展的关系。教学与发展的关系是怎样的呢?

(二)传统智力测量的分析

对教学与智力发展的关系,维果茨基在分析了各派学者关于教学与发展的理论后,提出了自己创新的学说:"最近发展区"、"教学要走在发展的前面"、"教学的最佳期"以及"理想智龄"。这都是他在这一方面的伟大贡献。

怎样才能比较准确地确定孩子的心理、智力发展水平呢?传统的智力理论,不管是二因素还是多元智力理论等,引申出来的智力测验方法都存在着不可克服的矛盾。维果茨基反对用静止的、机械主义的、缺乏发展的观点看问题,传统的智力测验不考虑学生的动机、测验的期望以及测验的环境对测验的影响。

什么是智力?作为一个日常概念,其涵义大家都是清楚的,智力高就是聪明一点。我们没有看到维果茨基给"智力"下具体的定义,在他的著作中,智力、智力发展、高级心理机能、高级心理机能的发展等概念常常是作为"同义词"来使用的。他的学生赞科夫在"教学与发展"的实验研究中认为智力就是一个人的认识能力与反应能力,包括人的观察力、记忆力、想象力、思维能力,特别是创造力,这是人的智力的最高表现。因此,有人形象地比喻说,观察力是智力的眼睛,记忆力是智力的贮存器,想象力是智力的翅膀,思维能力是智力的大脑,创造力是智力的灵魂。

智力能够测量吗?当这个问题在理论上还争论不休时,人们已经在实践上做了许多工作。做出最突出贡献的是比纳、西蒙,比纳—西蒙量表已用了一百多年。在它的基础上,当前包括学校、选拔运动员、招收飞行员等都制定了各种各样的量表,于操作上是有成效的,但也有不少问题。

第一,从测验的内容看,各种量表都是个大拼盘,是由各种因素拼凑起来的,彼此相对独立,看不出什么联系和结构,因而也抓不住主次和发展阶梯。第二,智力没有一个明确的质的指标,只是一些算术数的集合。事物的异同首先表现在质上,然后才是量的多少,在质的基础上作量的比较才有意义。第三,常模中的文化偏差(民族、城乡、发达与欠发达国家和地区)、年龄差异、性别差异、个体差异使非常复杂的智力问题变成一堆说不清道不明的数字游戏。第四,测验过程中学生的动机、对测验的期望、测验时的环境气氛以及测验者的态度等影响没有考虑进去。第五,所谓的信度和效度。信度即测验工具的可靠性,如在同一测验中,考察同一组被试各次测量结果的一致性,信度即对这种一致性程度的估计。效度是指测验准确地测量出所要测的特性或功能的程度。事实上,同一测验对同一组被试的各次测验结果是不可能一致也不应该一致的,因为人总是在活动过程中不断总结经验而有所改进,除非所测验的内容是无意义的符号之类。

退一步说,即使测验出来的结果(IQ)是准确的,但能否判明儿童实际的智力和他的发展状态呢?并不能。

(三)什么是最近发展区?

维果茨基从他的文化历史发展理论出发,具体地运用辩证唯物主义的发展观点,创造性地提出了全新的概念——最近发展区(或译为潜在发展区)。

维果茨基说:"当我们试图确定发展过程与教学的可能性的实际关系时,无论何时我们都不能只是限于单一地确定一种发展水平。我们应当至少确定儿童的两种发展水平。"第一种我们称之为"儿童的现有发展水平",即由一定的已经完成的儿童的发展系统的结果形成的儿童心理机能的现有水平。如上面说到的智力测验,接触到的就是现有发展水平。但是,当我们把研究推进一步,让儿童在成人或者比他强的同伴的帮助和启发下达到另一解决问题的水平,这个新水平就是第二发展水平。这第一和第二发展水平之间的差异就是儿童的最近发展区。

维果茨基举例说:我们面前有两个儿童,他们都能独立地解答7岁组的测验题,即他们的"智龄"是7岁,但如果我们换上另外一些深一点、难一点的题目,在成人或比他强的同伴的帮助下,甲生顺利地通过了9岁的测验题,而乙生只能完成7岁半的题目,那么,这两个孩子的智力是一样的吗?是不一样的,甲生有更大的发展潜能,即两个儿童有了不同的最近发展区(见图3-1)。

因此,维果茨基说:"在有指导的情况下,借成人或比他强的同伴的帮助所达到的解决问题的水平,与在独立活动中达到的解决问题的水平之间的差异,确定为儿童的最近发展区。"[1]

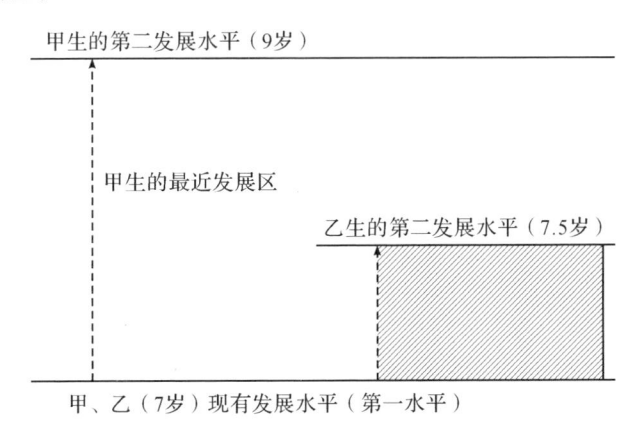

图3-1 甲、乙生之最近发展区

---

[1]《维果茨基全集》第六卷,安徽教育出版社2016年版,第418页。本章其他引维果茨基说均出自本书。

(四)最近发展区的动态性质

谈到最近发展区的动态性质,我们必须明确三个问题。

1."最近发展区不是一个常数",就是说每个人的发展区都是不一样的。用不同的题目测试同一个人的最近发展区也是不一样的,因此,人与人之间的最近发展区只有用同一类的测验题与同样的方法时才可以比较。

笔者有一次用一组数学题测试两个10岁的儿童,结果发现甲童的最近发展区达到14岁,而乙童则只有11岁;我们又换了一组语文试题,令人吃惊的是甲童只能完成12岁的题目,而乙童则能完成16岁的题目。也就是说甲童在数学方面能举一反三,在数学领域表现出更大的潜能,而乙童在文学方面有很高的悟性。我们还发现有个孩子,在文化学习方面表现出来的智力中等,但在学校的航模小组却常创佳绩,只要他看过一下飞机模型,很快就能用木板做出像模像样的飞机。

为了说明最近发展区的动态特点,维果茨基进行过一系列的实验,其中一个实验是这样的:他把儿童分成四个组,第一组是学前期进行过识字学习的智商高的儿童(A组),第二组是学前期进行过识字学习的智商低的儿童(B组),第三组是没有进行过识字学习的智商高的儿童(C组),第四组是没有进行过识字学习的智商低的儿童(D组)。现在把A组的孩子放在一个全班都识字的班里学习,把B组放在一个全班都没有接受过识字教学的班里学习,把C组放在识字班里学习,把D组放在不识字班里学习。结果发现,A组和D组的绝对学习成绩(即与同班同学比)和相对学习成绩(自己同自己比)都好,而B组的孩子绝对学习成绩较好,但相对学习成绩差,C组的绝对学习成绩差,相对学习成绩好(见表3-1)。

表3-1 四组儿童进行最近发展区动态性质说明的实验

组别	智商	进入班级	成绩 绝对成绩	成绩 相对成绩	符合	最近发展区
A组识字	高	识字班	好	好	√	大
B组识字	低	不识字班	好	不好	×	小
C组不识字	高	识字班	不好	好	×	小
D组不识字	低	不识字班	好	好	√	大

维果茨基因此认为:影响最近发展区的不是智商高低,而是学习的内容是否符合孩子的水平,用我们通俗的说法,即"吃不饱"(B组)和"吃不了"(C组)都不能使孩子的最近发展区达到更宽的距离。他接着说:"对学校里智力发展变化和儿童学校学习成绩的提高起决定作用的不是智商高低,即今天的发展水平,而是儿童对学校提出的要求同他的准备和发展水平之间的关系""对学校而言,重要的不是儿童已学会了些什么,而是他有能力学会什么,最近发展区就是确定儿童在掌握那些通

过指导和帮助、通过教导和合作尚未掌握的方面的可能性"。

根据维果茨基的思想，我们和小学低年级老师座谈时，很多老师都诉苦，说现在的孩子太难教了。第一是程度十分参差不齐，有的孩子入学时已认会2000字，加减乘除都会了，有的孩子（没上过幼儿园的）什么都没学；第二，每个孩子在幼儿园或家长那里学的东西不一样，例如拼音、英语发音等，教师一时难于统一；第三，由于有的孩子"吃不饱"就"自以为是"，有的孩子已养成了一些不良的学习习惯等，因此课堂纪律很难维持。笔者曾同一位学生家长谈过，他说："提前教了孩子，他上课时学起来不就轻松些了吗？"但事实并非如此，孩子"会"了，在课堂上对"新"知识丧失了兴趣，容易分心、搞小动作，家长良好的愿望并不能实现。

还有，从上面D组孩子的情况看，教学内容与学生的智商不能成为教师不能扩大学生最近发展区的借口，这点维果茨基已经说得非常明确了。

2. 制约最近发展区的因素是什么呢？从个人的角度看，儿童所处的微社会环境（家庭、亲友、文化氛围等）和个人的特点（健康状况、兴趣爱好、对学习的期望等）都有直接关系。每个孩子、每种心智都有其最近发展区，父母和教师们应该重视每种心智的价值，给予其滋养的土壤，使其茁壮成长，而不是只盯着孩子的分数。

3. 对孩子的要求应该和他的心理准备状态以及发展水平相适应。新中国成立初期我们学习苏联的教育学，在讲到教学原则时，很强调一种叫"量力性原则"的。量什么力呢？就是维果茨基所说的儿童第一发展水平，即儿童能够独立完成的任务的那种水平，要求过高他"吃不了"，这是一种迁就学生的思想。

有人说，教学一定要学生"力所能及"，这是对的，但他比如说对材料都已力所能及了，还要教师做什么？应该是这样：既要考虑学生力所能及，又要他力所不及，经过教导又做到了力所能及。在中小学教师的习惯语中，有一句要学生"跳一跳，跳起来摘果子"，这是一种比较形象的说法而已，怎么跳？跳多高？听听维果茨基科学的见解。

（五）理想智龄（最佳潜在发展水平）

在维果茨基关于教学与发展的论述中，"理想智龄"也是一个重要的概念，指学校对学生提出的要求的水平，即"能够使学生获得最大限度的成绩，胜任该年级教学所提出的要求的那种智力发展水平"。如上文说的A组和D组。

怎样确定孩子的理想智龄呢？就是必须找到某个年级应该对学生要求什么，这一要求达到什么水平，这一要求的水平同学生的实际智力发展和对学习的准备状态之间的比例关系。例如上面的C组，不识字的学生进入识字的班，他的学习将十分困难，理想智龄大大高于他的实际智龄；而B组，识字的学生进入了不识字的班，理想智龄将会不同程度地停顿。由此可见，不管是B组还是C组，对学生都是一种伤害，"过难和过易的教学效果同样是很小的"。

我们有一个朋友，他的孩子学习很差，但是他一定要孩子进重点班，我们多番解释无效,后来孩子上了重点班,结果他上课一头雾水,什么功课都跟不上,成了后进生,处境很是尴尬,只好主动要求调到普通班。

那么,最佳区是什么呢?维果茨基指出:"教学一定应当不是依靠已经成熟的机能,而是依靠正在成熟的机能来提出更高的要求。"即走在发展前面的教学才是好的教学,以教学创造学生的发展。

(六)学习的最佳年龄期(关键期)

动物实验证明,每一种动物,在它的成长过程中,都有一个相对敏感的时期,在这一时期对它施加某种适当的影响,效果是最好的。对于儿童来说,每一年龄阶段都具有各自特殊的、不同的可能性,因此维果茨基提出了"学习的最佳期限",或者称为"敏感年龄期"。

对于"学习的最佳期限"怎样下定义呢?维果茨基认为应该有两条界线,即上限和下限。下限又称最低期限,即必须达到某种成熟程度才能学习某种科目,例如不能教6个月的孩子识字,起码要到一岁多,到他掌握了一定数量的词语(名词、动词)的口头表达,认识了一些事物以后才可以进行。上限在哪里?维果茨基说,对教学来说,也存在最晚的最佳期,即不能超过某个年龄,例如生活在父母为聋哑人的家庭中的孩子,由于总是听不到说话,即便他有健全的听力和发音器官,也会容易成为哑巴。我们曾经观察过一个这样的孩子,三岁进幼儿园时,一句话也不会说,教师费了很大的劲教他说话,因为他已经错过了掌握口头言语的最佳年龄(一岁半以前)。

列昂节夫和鲁利亚认为应该这样来理解维果茨基的意思:"教学在一定的时期能给我们提供智力发展的巨大效果。过早的教学可能对儿童智力的发展发生不良的反应,同样,过晚开始教学亦即长期缺乏教学乃是儿童智力发展的障碍。"

维果茨基下结论说:"对一切教育和教养过程而言,最重要的恰恰是那些处在成熟阶段但还未成熟到教学时机的过程。"只有在这一时期施以适当的教学,才有可能组织这些过程,以一定方式调整这一过程,以达到促进发展的目的。这是我们下面要详细论述的问题。

三、教学要走在发展的前面

(一)教学要以发展为前提,发展是教学的结果

第一,教学与发展的关系是"天生"的。即从儿童出生的第一天就开始了,一出生就开始向成人(母亲及抚养他的人)学习(吃、喝、坐、立、走、语言等)。维果茨基从心理发生和发展的角度指出教学与发展的关系,"并不是在学龄期才初次相遇的,实际上从儿童出生的第一天便相互联系着","儿童的发展与变化,是在积极适

应外部环境的过程当中实现的"[1]。即有机体与环境的现实冲突以及由于积极地适应环境而产生的。从新生儿学会喝水、辨别母亲的声音到拿勺子吃饭等一系列的行为,都是教学的结果。当然,这是"广义"的教学,"狭义"的教学,是指学校系统化的教学。

维果茨基说:"学校教学无论何时都不是在空地上开始的,儿童在学校中碰到的任何教学总是有其自身的前史。"儿童是在自己已有的经验之上接受学校教学的,比如教师教授数学1+1=2,儿童之前可能没有接触过数字,但是他一定在生活中有这样的经验:一根筷子加一根筷子是两根筷子。不存在脱离儿童的经验的外部教学。知识是人与外界客体在相互作用过程中主动建构和内部生成的,学习过程是主动建构过程,是对事物和现象不断解释和理解的过程,是对既有知识体系不断进行再创造、再加工,以获得新的意义、新的理解的过程。

第二,教学必须考虑儿童的年龄特点。即儿童的成熟水平与知识经验,把握其关键期,这样能事半功倍。维果茨基说:教学应该"这样或那样地与儿童的发展水平相一致",还必须建立在儿童已有的知识经验的基础上,因为"任何学习都有它的前史"。

第三,教学的着眼点应该是儿童的明天。上面说过,20世纪50年代,在学习苏联凯洛夫的教育学中,有一条重要的教学原则,叫"量力性原则",就是说在制订教学计划时,要充分考虑学生的发展水平、接受能力,要"量力"而行。这一提法看来是落后的,因为它只看到学生已达到的发展水平(今天和昨天)。维果茨基的"最近发展区"的概念,使我们看到了儿童发展的最大可能性,最近发展区说明了那些尚处于形成状态的、刚刚在成熟的过程正在进行。作为教学的着眼点主要不是今天为止已经完结了的发展过程,而是那些仍处于形成状态的、刚刚在发展的过程,依靠这些过程,才能推动发展前进,因为今天那些需要成人帮助才能做的事,明天儿童便会独立地完成。因此,维果茨基说:教学的着眼点不仅是看到儿童的今天,更重要的是看到儿童的明天,不仅看到其在发展过程中已达到的东西,而且注意到正在形成过程中的东西,这样我们就可以"判明儿童发展的动力状态"。

由此可见,教学与发展的关系,教学绝对不是发展的尾巴,也不是同时的、同步的,而是教学以发展为前提,发展是教学的结果,教学要走在发展的前面引导着学生的发展。维果茨基说,他这一观点"具有决定性原则的意义,并且给关于教学与儿童发展过程之间的关系的整个学说带来了一场大的变革"。

(二)教学创造着学生的"最近发展区"

维果茨基指出儿童的最近发展区是动态的,既有年龄差异、性别差异,还有文化背景的差异等,从而每个儿童的最近发展区都是不同的。在我们对最近发展区

---

[1] 龚浩然:《维果茨基儿童心理与教育论著选》,杭州大学出版社1999年版,第172页。

的拓宽研究中,还发现同一个儿童在不同时期、不同门类的学习中,其最近发展区也是不同的。

维果茨基在教学与发展关系的论述中,最深刻的思想是:

第一,儿童的第一发展水平与第二发展水平之间的动力状态是由教学决定的,所以他把教学称为"人为的发展"。维果茨基说:"教学最重要的特征便是教学创造着最近发展区这一事实,也就是教学引起和推动儿童一系列内部的发展过程。"最近发展区能帮助我们判明儿童的明天,判明儿童发展的动力状态,从而不仅注意到在发展中已经达到的东西,还注意到正处在成熟过程的东西。

第二,教学主导着或者说决定着儿童的发展,教学在儿童发展中的这种决定作用,既表现在发展的方向和发展的内容、水平和智力活动的特点上,也表现在发展的速度上。维果茨基在他的许多著作中都表达过高级心理机能(即智力、个性)发展的规律:"任何一种高级心理机能在儿童的发展中都是两次登台的,第一次作为集体的活动、社会的活动,亦即作为心理间的机能登台的,第二次才是作为个人活动,即作为儿童思维的内部方式,作为内部心理机能而登台的。"也就是说,儿童通过教学而掌握的全人类的历史经验转化为儿童自身的内部财富。

第三,维果茨基的理论给予教学最大的能动性,教师一方面要以儿童已有的发展水平为根据,但更重要的是要在教学的"舞台上"导演着学生的发展,最大限度地发挥教和学的积极性。只有那种走在发展前面的教学才是良好的教学。

列昂节夫说:教学影响必须帮助学生顺利地登上发展的更高一层阶梯。

讨论维果茨基在这里用"创造"一词是有其积极意义的。我们曾根据这一思想设计过一个小实验,在高中语文课本第四册第五课上有郭沫若写的《甲申三百年祭》一文,其中引用了《明史·李自成传》中的一段话:"定州之败,河南州县多反正,自成召诸将议,岩请率兵往。"对"反正"一词应作怎样的解释呢?

我们设计了三种教法[1],第一种是由教师来解释,"反正"即倒戈、弃暗投明的意思,定州打了败仗,原来已归顺农民革命军的州县又投向了明朝政权,并且告诉学生一定要记住考试会考到的。第二种是请一位同学讲他看过的电影《血溅美人图》的片段,然后让同学们自己下定义,结果大家也能说出反正即倒戈。第三种是在第二种教法的基础上,让同学们讨论"反正"一词还有哪些意思,同学们讲还可以做副词表示坚决肯定的语气,并请大家造句。这时,一位同学站起来读他的句子:"我们要把四人帮搞乱的是非进行拨乱反正。"教师马上抓住这句话,向大家提问,农民起义是革命的还是反革命的?明朝皇帝的统治是革命的还是反动的?在得到同学们肯定的回答后,教师说:"那为什么史书中把倒戈向明皇朝说成是'反正',我

---

[1] 课例原载《光明日报》1980年4月21日。

们批判四人帮也叫拨乱反正?"[1]同学们通过讨论,最后明确认识到《明史》的作者是站在统治阶级的立场看农民运动的,因此把倒戈向皇帝一边的叫"反正",我们以后读历史不仅要知道史实,还要分辨"史观",即立场观点,要用历史唯物主义的观点分析问题。

我们把第一种教法称为记忆水平的教学,充其量是让学生知道一些历史知识而已;第二种我们称之为理解水平的教学,学生的思维能力可得到一定的发展;第三种可以称为启发水平的教学,由于教师的教育机智,学生不仅深刻地理解了"反正"一词,而且在掌握历史唯物史观上有了很大的进步,教学的知识性、教育性都得到了体现。

如果从创造最近发展区的角度看,第三种教学方法则远远超过了前面两者。

由此可见,衡量一堂课成功与否,有四个指标:第一,是否以科学的知识使学生掌握一定的知识技能;第二,是否在学生的智力发展上使学生受到启发;第三,是否通过知识掌握培养了学生某些良好的个性品质;第四,是否用最短的时间和最少的精力达到最大的教学效果。赞科夫特别强调教学要在学生的"一般发展"上下功夫,他所谓的一般发展,包括身体发展和心理发展,心理发展主要是观察力、思考力和实际操作能力,其实也是学生个性的整体发展。

一个成功的课堂,或者说一个优秀的教学过程,必须包含以上四个方面的特点,即信息的加工与增值,有利于学生态度的转变与个性形成,有利于人际调节与自我调节,创造着学生的最近发展区。

一般情况下,一个优秀教师对上面四点中的第一点、第二点和第四点,即教学知识技能的掌握、学生个性发展和教学效果,都比较有意识地去贯彻,而在人际关系方面特别是在开拓学生的最近发展区方面不大注意。

四、看到学生发展的明天和希望

维果茨基是第一个运用马克思辩证唯物主义到心理学科建设中的,因此,他的教育心理学思想与传统的心理学有着本质的区别。

单就维果茨基独创的"最近发展区"思想来看,有以下几个方面的不同。

(一)看到学生发展的明天和希望

传统的心理学是用静止的、机械的观点看待学生的发展,着眼的是学生现有的发展水平,是已经完成的发展结果,表现为儿童独立可以解决的智力任务。但维果茨基用科学的、发展的眼光来看待学生的发展,着眼的是学生的潜在发展水平,即在成人或者伙伴的帮助下可以完成的心理水平,儿童还不能独立地解决任务,但在

---

[1] 这句话是教师在课堂上自己抓住的,说明教师的智慧。

成人的帮助下，在集体活动中，通过模仿等能够解决这些任务。儿童今天在合作中会做的事，到明天就会独立地做出来。维果茨基用发展的眼光看到了学生的明天和希望。

传统心理学的着眼点和重心在于学生现有的发展水平，即利用现有的发展已经成熟的机能。因此，传统的教学论是在等待心理机能自然成熟的慢慢到来以后再以教学促进发展，这实际上是把教学和发展混为一谈了，它体现出传统教学论注重年龄的特征，但是忽视了通过教学促进儿童心理发展的思想。以传统观点来看教学与发展的关系，是消极等待的自发论或者保守主义。

维果茨基的着眼点和重心则是最近发展区，依靠最近发展区正在成熟的机能，注重利用教学来促进发展，它体现了教学在儿童心理发展中的积极能动性，弥补和克服了传统教学论在教学与发展关系上的致命的弱点。

（二）看到矛盾的积极转化

维果茨基利用马克思辩证唯物主义来分析儿童心理发展的根本原因，儿童心理发展的内因和外因是相互作用的，内因是心理发展的动力，外因是心理变化的条件，外因必须通过内因才能起作用，即通过加强或削弱心理内部矛盾的某一方面而制约或促进心理的发展。维果茨基认为，儿童发展的动力是社会和教育向儿童提出的要求所引起的新的需要与儿童已有心理发展水平之间的矛盾。

一般说来，在儿童主体和客体相互作用的过程中，社会和教育向儿童提出的要求所引起的新的需要和其已有的心理水平之间的矛盾，是儿童心理发展的内因或内部矛盾，是儿童心理发展的主要矛盾，也就是其心理发展的动力。

在儿童心理发展进程中，不论是认识、情感、意志等心理过程或者它们互相之间的关系，还是能力、气质等个性特征或者它们之间的关系，都充满着无数错综复杂的矛盾。但矛盾再多再复杂，也总是以在活动中产生的新需要与原有心理水平这一主要矛盾的运动变化为转移的。这一主要矛盾的变化，体现了心理发展主观与客观的辩证关系，揭示了动机系统产生的基础与原因，表现出新旧"反映"或心理现象之间的对立统一，而且能够解释心理过程和个性特征等一切心理现象发展变化、"新陈代谢"的根本原因。

心理发展中内外因的关系在儿童心理发展中，外因的作用是重要的，它是心理发展所不可缺少的条件。但是，外因的作用不管有多大，毕竟只是一种条件，如果它不通过心理发展的内因，不对心理发展的内在关系施加影响，它是不可能起作用的。如果心理发展中不存在某种特定的内因，则无论有多好的环境条件或教育措施，也不能使儿童心理发生某种特定的质变。因此，外因绝不是事物发展的动力，环境和教育也不能列入心理发展的动力。

传统观点，例如行为主义心理学及其代表人物华生提出的刺激—反应公式，认为心理、行为是由刺激、反应构成的，给什么刺激就产生什么反应；看到什么反应就可以知道受到什么刺激。这就夸大了外因,抹杀了内因,变成机械的"外因论"了。

根据维果茨基的最近发展区理论,我们的教学所提出的要求,必须是适当地高于儿童心理的原有水平并经过儿童的主观努力后能够达到的要求。这样,学生在教学活动中产生的新的需要与原有心理水平的矛盾就会不断产生和解决,也就推动了儿童心理不断地向前发展。

(三)看到学生的积极性(主观能动性)

正如前文所述,儿童发展的动力是新需要与原有心理水平之间的矛盾,新需要的产生可能是因为环境,也可能是教育教学,但无论是环境还是教育所提出的要求,都必须以经过儿童在与客体的互动中、活动中产生需要为中介,如果我们的教育教学并没有让学生产生需要,心理并没有形成矛盾和冲突,那么也是无法推动学生发展的。

因此,教育教学活动作为一种人为的外因活动,必须经过学习的主体即儿童的主观能动性才能真正发挥出效果,因而,必须在教学活动中看到学生的积极性、主观能动性。

笔者曾经带过一个班,印象非常深刻,有一年元旦晚会,学校组织发红旗(包括卫生流动红旗、学习标兵红旗),但是初三3班一面红旗也没有,遭到了群嘲。初三3班是一个特殊的班级,一部分学生是留级下来的,那天晚上全班被失败、悲观的气氛所笼罩。其中一个男生说:"他妈的,丢人丢到家了!必须想办法争口气!"班主任黄老师就抓住了这个同学说的争口气,组织同学们集思广益,应该如何来争口气。有同学提议要"争口气就去吃一顿争气饭"。于是,周末初三3班举行了一次到郊外的野炊活动,其他班级都没有这样的活动,特别羡慕他们。在野炊的时候,班主任黄老师说:"我们必须要团结起来,凝聚起来,让大家看得起我们,我们必须要争一口气。"这一次"争气饭"吃得太有意义了,同学们提了很多争气的措施。到初三毕业的时候,初三3班得了好几面红旗,同学们的成绩也都上去了,全班同学都顺利毕业了。

从这个例子,我们可以看出,学校和社会对初三3班的要求,必须是经过全班同学的主观能动性才能真正地发挥作用。因此,在教学的过程当中,教师必须调动学生的积极性,发挥他们的主观能动性,教学不是适应学生的发展,而是推动着学生的发展。

五、维果茨基的后继者关于教学与发展的研究

维果茨基关于教学与发展关系的理论、最近发展区的理论,在人类教学史上闪烁着耀眼的光芒,美国著名心理学家布鲁纳说:"在过去的四分之一世纪中,研究认

识过程及其发展的每一位心理学家,都应当承认维果茨基的著作对他的影响。"[1]

最近发展区理论存在两个问题。其一,没有提出如何测定学生"最近发展区"的方法;其二,教学怎样"创造"最近发展区只是做了一些原则的说明。维果茨基英年早逝,他没有来得及作出新的研究。可幸维果茨基学派的专家们从20世纪60年代开始就进行了大量的理论探索和实验,指出了教学在儿童发展中的决定作用表现在发展的方向、内容、水平和智力活动的特点以及发展的速度上,在苏联国内和国际上都产生了巨大的震撼力。下面分别谈谈他们的研究成果。

(一)赞科夫的研究

赞科夫是苏联著名心理学家、教育家和缺陷学家,维列鲁学派的重要成员,苏联"学生的教学与发展问题"实验室的领导人。他所领导的教学实验在国际上也很有影响,我国教育界对他是比较熟悉的。

从1950年开始,赞科夫就开始研究教学与学生发展问题。1957年,由他领导的"教学与发展"实验室正式成立,实验的第一阶段是在莫斯科第172学校一年级的一个班开始的,实验运用了各种现代化的手段(录音、录像、教具、图片等),根据这个阶段实验的成果,赞科夫写成了《论小学教学》(1963年出版)一书。在书中他结合对传统教学法的分析批判,提出了他关于小学教学新体制结构和新教学论的原则。1964—1965年,全苏参加实验教学的班已发展到371个,并且在小学由四年制改为三年制的方案基础上,先后制定了新的教学大纲和编写了教科书。到1968年,实验室进一步扩大,改称"学生的教学与发展问题"实验室。赞科夫的研究对苏联的教育产生了重大的影响,从此,全苏的小学学制全部缩短为三年,连美国人也不得不承认,这是一场"静悄悄的革命"。

赞科夫成功的实践发展了维果茨基关于"教学与发展的关系"的思想。他主要从两个方面来研究。

第一,从人类个体高级心理结构和机能的形成、发展的规律来探讨。因此赞科夫着重研究学生的观察力、抽象思维能力和实际操作能力,他认为这三方面的能力是心理活动的各种形式中最有代表性的,并且是说明学生一般发展的最有意义的方面。他还指出:教学与儿童心理发展,教学结构的逻辑与儿童心理研究的逻辑不是一回事,必须把它们加以区分。发展的内部过程并不是受学习的直接影响而产生的新的心理结构,他不同意西方心理学家把儿童的发展看成是学习的积累的观点,而是认为儿童发展的实质乃是各种内外因素进行复杂的相互作用的结果。这就给教学与研究发展的各种内部过程的学说提出了唯物辩证的解释。这些原理包括:

①在学生的发展过程中所形成的新质结构反映了每个阶段儿童心理活动的完

---

[1] 布鲁纳:《认知心理学》,1977年英文版序言。

整性；

②很多不同教学体系的学生之间的差异不仅表现在个别发展路线上，同时也表现在整个心理活动的特性上；

③发展总是在过去的基础上发展，整体中的各个方面是相互渗透、互相包含、不可分割的，心理发展中旧东西与新趋势的对立的尖锐性是发展的动力。

因此，赞科夫下结论说：把教学过程建立在那些尚未成熟的心理机能上，使之与儿童发展现有的、业已展开的阶段处于尖锐的矛盾之中，引起心理发展上的质的飞跃。

第二，赞科夫从维果茨基关于"环境是教学过程的真正杠杆"出发，在学生一般发展的基础上，提出了要研究"课堂社会"，研究学生的精神需要（首先是认识需要）、儿童的"情绪生活"以发展他们的意志品质，培养强烈的求知欲和良好的学习动机。他说，学生"高高兴兴"地学与"愁眉苦脸"地学，效果是完全不一样的。怎样形成一个"有效的学习集体"，是赞科夫实验的重要方面，为此他提出了五条与传统教学原则相对立的教学原则。这些原则是：

①以高难度进行教学的原则。"教学不能让儿童没有困难，这会养成学生思维的惰性。"赞科夫说，高难度并非愈难愈好，高难度的分寸以儿童的"最近发展区"为准，即儿童在教师的启发和帮助下，经过自己紧张的思维活动就能掌握的知识内容为准。亦即维果茨基所说的在发展前面引导着发展的教学。教学不能适应、迁就儿童的现有发展水平，而是应该积极地去扩大和创造"最近发展区"，让儿童在教师的引导下通过健康的紧张思考促进发展。

②以高速度进行教学的原则。什么是高速度？赞科夫说："绝对不意味着在课堂上匆匆忙忙赶快把尽量多的知识塞给学生，但是多次单调的重复，把教学进度不合理地拖得很慢，让学生的学习活动主要是在'走老路'也是不行的。""以高速度进行教学，就有可能揭示所学知识的各个方面，加深这些知识并把它们联系起来。"

③理论知识在小学教学中起主导作用的原则。赞科夫说，这一原则说明"技巧的形成是在一般发展的基础上，尽可能在深刻地理解有关的概念、关系和依存性的基础上实现"。

④通过教学使学生理解学习过程的原则。这一原则包括学生学习的主动性、自觉性、态度，理解教材本身的结构、知识之间的相互联系、错误的产生及其预防的机制和学习进行的过程等。

⑤所有学生包括最差的学生都得到一般发展的原则。赞科夫不主张对成绩差的学生进行训练和布置大量训练性的作业，这样使他们负担过重，"不仅不能促进这些儿童的发展，反而只能扩大他们的落后状态"。因此他强调："学业落后的学生，不是较少地而显然是比其他学生更多地需要在他们的发展上系统地下工夫。"

赞科夫这些原则自 20 世纪 80 年代被介绍到我国后，引起了教育界普遍的关注，对我们的教学改革起了很大的作用。

安纳耶夫（列宁格勒学派或称人学学派的创始人）与赞科夫同时根据维果茨基"不是把教学建立在学生已有的发展水平上面，而是把教学建立在尚未完全成熟的心理机能的基础上"的观点开展了教学实验，也取得了很有价值的成果。

（二）艾利康宁和达维多夫

艾利康宁和达维多夫都是苏联著名心理学家，维列鲁学派的重要成员。他们根据维果茨基"不是让教学内容适应儿童现有的发展水平，而是使教学内容要求儿童有更高级的思维水平，只有这样才能促进儿童的发展"的思想提出：教学能否促进智力发展，主要决定于儿童掌握的知识内容，即知识内容的性质主导着学生的发展。

艾利康宁等提出了在小学教学内容改革上的一系列意见，他们的做法是把一些新内容（如反映现代科学成就的新知识）放进教学大纲中。1966 年出版的《知识掌握的年龄可能性》一书的影响很大。他们通过实验看到，小学生入学不久，概括能力就达到相当的水平。过去布隆斯基认为小学生的认识活动以记忆为主，到中学才以思维为主的观点是落后的（在我国，很多小学教师也持这种观点，因此什么功课都要孩子"背诵"）。艾利康宁等也不同意皮亚杰的公式，皮亚杰把学龄初期的儿童说成是"具体运算阶段"，儿童与直接的、直观的经验打交道。当年维果茨基就曾与皮亚杰讨论过这个问题，事实上皮亚杰这一公式是儿童在完全没有相关知识的情况下所得出的结论（上文已提到过）。艾利康宁等也研究了美国布鲁纳的观点，布鲁纳认为任何知识都可以用儿童能够接受的方式教给儿童。这一提法有其积极的一面，打破了儿童智力年龄特点的绝对化思想，但布鲁纳的说法只是抽象的，并没有说清楚什么年龄、什么知识以及用什么形式等新问题。

为了教会新知识，艾利康宁等很重视学生的学习方法，研究学生掌握知识所采用的手段，把在教学中发展学生的概括能力和抽象思维能力提到很重要的地位。他们认为，小学阶段的儿童，通过知识的学习和教学方法的改革，思维会得到发展，儿童的思维是有很大的潜能的。传统的教学方法常常迁就儿童，正如维果茨基说的：生动具体的教学不能促使儿童思维的发展，直观性只能是手段，是为达到一定的抽象思维服务的。艾利康宁等还很重视学生的学习活动的特点。艾利康宁等人的实验也取得了很好的效果，提高了学生的知识水平，促进了学生思维的发展，为小学生进入高一级的知识学习打下了基础。

（三）敏钦斯卡娅

敏钦斯卡娅是苏联优秀的学者，苏联教育心理学的奠基人，她的硕士学位论文《小学生算术运算能力发展问题》是在维果茨基的指导下完成的。她和波果雅夫连斯基合著的《学校中掌握知识的心理学》是一本得到很高评价的总结性著作。

敏钦斯卡娅是在维果茨基关于"教学与发展关系"思想的指导下创立自己的学习理论的。她的学习理论有两个显著的特点：第一，她非常强调个性的作用，认为个性直接影响着在掌握知识时的智力活动与学习规律性，因此稳定优势的动机、世界观对人的行为和活动起调节作用；第二，她认为在教学过程中起主导作用的是教学方法，有的教学方法促进发展，有的方法迁就发展，还有的方法则阻碍学生发展。为此，他们着眼于研究改进教学方法，改进整个教学方法的体系。

敏钦斯卡娅和波果雅夫连斯基的实验设计采取了许多新方法。当然改革方法离不开内容，他们的实验也对教学大纲进行了改革，但同样的教学内容，不同的方法会出现完全不同的教学效果。他们提出了一种"问题情境法"，向学生提出各种不同的问题情境，让学生在这种情境中寻求出路从而武装他们的思维方法，培养学生的思维能力。敏钦斯卡娅等人还研究了想象中抽象的东西与具体的东西在不同阶段的相互关系，研究科学概念与日常生活概念的关系与相互影响，对大纲的教法提出了一系列意见。

（四）柳布林斯卡娅

柳布林斯卡娅1903年出生于格林德诺市的一个律师家庭，从1925年起，她在国立列宁格勒赫尔岑师范学院心理学教研室先后担任助教和副教授。1963—1975年，担任该学院初等教育学院教学法研究室主任，她的博士学位论文《儿童的思维》对动作和语言在儿童智力发展中的作用进行了一系列的研究，主要是采用实验法进行的。柳布林斯卡娅一生共发表著作150多种，其中代表作《儿童心理发展概论》于20世纪60年代就曾在我国翻译出版。柳布林斯卡娅的大量工作受到了苏联政府的高度评价，她曾获得"荣誉勋章"、"保卫列宁格勒"等奖章。

柳布林斯卡娅认为，在教学条件下起重要作用的是学生动作的性质与系统以及这些行动与教材的一致性。外界现实作用于人，人不是直接地、消极地接受影响，而是以动作为中介环节的，动作在人的认识中起主要作用。客观的东西通过动作主观化，主观的东西通过动作客观化。这里所说的动作包括外露动作和内在动作（心理活动、智力动作）。她实验的原则是如何通过各种动作使学生掌握教材而发展智力，根据教材内容组织各种不同的动作，使学生掌握教材并应用到实验中。

例如我们按照柳布林斯卡娅的原则，设计低年级语文教学时就采取了一些动作以辅助识字，像教"看"这个字，教师说"看"字下面是"目"，就是看东西要用眼睛，远方的东西看不清，就用手搭凉棚，所以上面有个"手"，但手不能直直的，这样就遮了眼睛了，手要歪过去一点，把"手"写成"手"（隶书）就好了。老师配合动作，学生记得很牢。

又如上面举过的例子，数学教学时，求圆的面积，教师要求学生每人准备三个用不同大小的纸片做的圆，在课堂上，首先复习了三角形和矩形的面积公式，然后教师提问，圆的面积怎样计算呢？学生谁也答不出，可兴趣却来了，教师于是让大家量一量（用软尺）圆的周长、直径，然后用圆周长除以直径，都得出了3.1416，教师说圆的周长与直径的比例就叫作π，接着教师要求学生把手里的圆对折剪成8块，把这8块拼起来就成了4个矩形，不过这几个矩形有点奇怪，其中有的边是弯弯的，不过我们不管它，就按长方形的面积计算，这样一步、两步，圆面积的公式就推出来了。学生课后说："公式原来是这样来的，我也可以'造'公式了。"

（五）加里培林的研究

加里培林是苏联著名的教育心理学家，维列鲁学派的代表人物。他的实验是以维果茨基的内化理论为基础的，不过维果茨基对内化讲得并不多，加里培林把内化理论和活动理论具体化了。从心理学的角度看，技能是经过练习而巩固起来的，接近自动化的活动方式。按其本身的性质和特点可以分为动作技能和智力技能。动作技能是指在学习活动、体育活动和生产劳动中，完成以肌体运动为主的外部操作活动，它体现了人对事物的直接行动。例如写字、打球、弹琴等都属于动作技能。而智力技能又称心智技能，是借助内部言语在头脑中进行的认识活动。它包括感知、记忆、想象和思维，而以思维为主要成分的活动技能，例如计算、阅读、作文等活动都属于智力技能。1953年加里培林提出了智力活动按阶段形成的假说，经过了20多年在学校中进行的广泛的实验研究，才形成了较系统的学说，对于教学的程序化有一定的参考价值。

经过长期研究，加里培林认为智力动作的形成要经过活动的定向阶段、物质或物质化动作阶段、出声的外部言语动作阶段、"无声"的外部言语动作阶段、内部言语动作阶段五个阶段。现概述如下。

①活动的定向基础阶段：定向阶段是活动的准备阶段。所谓定向就是要学生熟悉活动的任务，知道做什么和怎样做，在自己的头脑中形成关于动作和动作结果的表象，以便对活动过程进行调节。加里培林认为，定向阶段对于智力动作的形成是必不可少的，而且定向的性质与水平决定着智力动作形成的性质与水平。为了让学生形成完整的定向映象，教师需要把所要形成的智力动作进行"外化"，即提供这种活动的物质（实物）或物质化（模型、图表、图像等）形式，向学生提供活动的样本，并指出活动的操作程序及关键点。

②物质或物质化动作阶段：物质动作是指运用实物进行活动，物质化动作是指利用实物的模型、图表、示意图等进行活动。在加里培林看来，只有物质或物质化的动作才是完备的智力活动的源泉，因此，学习者必须借助实物或者实物的模型、图表、标本等的支持。实际教学中可利用的物质活动是有限的，所以物质化活动才是最有效和最方便的学习手段，尤其是在学习内容超出了学生感性认识范围之外的时候。该阶段学习的关键是展开与概括，学习者首先要注意动作的展开，对动作体系的每个操作都要切实完成，并对每个操作进行客观检验；其次，要不断地变更

动作对象,使动作方式得到概括,概括的目的是让学习者归纳出学习内容的本质属性。当学习者初步掌握了这种展开的动作并进行了概括化之后,就需要对动作进行简化。展开是动作进行简化的基础,展开工作进行得越好,以后的动作简化就越容易。

③出声的外部言语动作阶段:这一阶段,动作开始脱离物质或物质化的客体,以出声的言语来完成各个具体操作。此阶段是动作由外部的物质活动形式转变为内部的智力动作形式的开始,是智力活动发生质变的重要阶段。本阶段的重要意义不仅在于智力脱离了外部事物的支持,通过言语动作来完成活动,更重要的是动作发生了抽象。抽象可以使动作大大简化,从而保证活动的定向化和自动化。在实际中,学习者必须经过专门的学习才能形成言语动作。

④"无声"的外部言语动作阶段:本阶段学习者不再需要外部言语的支持,而是以内部的、不出声的言语完成动作。与前一阶段相比,言语不仅仅是失去了声音,更重要的是言语机制方面有了很大的改进,需要重新学习。由出声的外部言语动作转变为不出声的外部言语动作的学习同样要以展开的形式进行,而后才能进行概括和简化。当学生掌握了不出声的外部言语的发音方式后,可以将前几个阶段的学习成果迁移到"无声"的言语形式上,以加速该阶段学习的完成。

⑤内部言语动作阶段:这是智力动作形成的最后阶段。此阶段的特点是以内部言语完成动作,不再需要外部言语的支持。内部言语阶段和外部言语阶段有很大的不同:结构上,内部言语不再像外部言语那样必须符合语法规则,连贯流畅,清晰易懂,而是被压缩和简化,可以用一个词或者词组代替一个句子;机制上,内部言语不再像外部言语那样是与人交流的工具,而是控制智力动作的工具。同时,智力动作被最大限度地压缩和自动化。智力动作的压缩首先是从定向部分开始,然后才是活动本身;压缩不是智力动作的丧失,而是转变为特殊的存在形式,智力动作的压缩部分还可以恢复。智力动作的这种压缩和简化对逻辑思维能力的开展有着重要的作用。

必须说明一点,一些比较简单的智力活动,是可以压缩其中的一些阶段的,该假说不能机械地理解和运用。

综上所述,这些研究都是从不同的角度来解读、阐释和实践维果茨基关于"教学与发展关系"的理论的,它们并不对立,而是互相补充,这些研究充分地说明维果茨基"最近发展区"具有强大的生命力。

❖ **本章思考练习**

1.维果茨基认为幼儿有可能接受幼儿园的要求,但幼儿园的要求要符合儿童的需要,因为在学龄前期幼儿的学习类型为(　　)。
　　A.自发型教学　　　　　　　　B.反应型教学
　　C.自发—反应型教学　　　　　D.游戏型教学

2.阅读属于(　　)。
　　A.操作技能　　B.运动技能　　C.心智技能　　D.学习技能
来源:2019年全国硕士研究生统一考试"教育学专业基础综合"选择题第35题。

3.提出"最近发展区"概念的心理学家的是(　　)。
　　A.弗洛伊德　　B.马斯洛　　C.皮亚杰　　D.维果茨基
来源:2021年下半年国家教师资格证考试(幼儿园)《保教知识与能力》选择题第1题。

4.关于维果茨基"最近发展区"理论说法错误的是(　　)。
　　A.最近发展区是对"量力性原则"的重大冲击
　　B.良好的教学应当看重儿童发展的未来
　　C.赞科夫的一般原则理论是对维果茨基学说的继承
　　D.依靠智力测验确定儿童当前智力发展水平,就能确定他的最近发展状态
来源:2016年山东省(教综)教师招聘考试统考。

5.(多选题)下列哪些概念和观点是维果茨基提出的?　　　　(　　)
　　A.最近发展区
　　B.客体永久性
　　C.教学应走在发展前面
　　D.儿童心理活动的内化借助于言语符号实现
来源:《学生心理发展与教育》。

6.(多选题)维果茨基对教学与发展关系的主要观点包括(　　)。
　　A.最近发展区　　　　　　　　B.教学应走在发展的前面
　　C.环境决定论　　　　　　　　D.学习的最佳期
来源:《学生心理发展与教育》。

7.维果茨基的最近发展区是指(　　)。
A.最新获得的能力
B.超出目前水平的能力
C.儿童现有发展水平与可能的发展水平之间的距离
D.需要在下一阶段掌握的能力
来源:2014年山西省大同市(教综)教师招聘考试、2014年山东省淄博市川区(教综)教师招聘考试。

8.下列选项中教师的做法符合维果茨基教育理念的是(　　)。
A.给学生发蒜瓣让学生回家观察其发芽过程
B.在教学中只根据学生现有发展水平提出要求
C.在小学一年级的课堂上引入解方程的相关内容
D.告诉学生理解不了的古诗文就直接背诵
来源:《学生的认知发展》(江西)。

9.维果茨基主张教学要走在发展的前面,其理论依据是(　　)。
A.关键期理论　　　　　　　　B.最近发展区理论
C.学习准备说　　　　　　　　D.实践反思理论
来源:2019年河北省保定市(教综)教师招聘考试。

10.(多选题)下列属于维果茨基教育思想的是(　　)。
A.内化学说　　　　　　　　　B.最近发展区
C.高级心理机能　　　　　　　D.文化历史发展观
来源:黄秀兰:《维果茨基心理学思想精要》,广东教育出版社2015年版。

11.维果茨基的最近发展区是指(　　)。
A."昨天"的解决问题的水平
B."明天"的解决问题的水平
C.处于"今天与明天之间"的解决问题的水平
D.处于"昨天与今天之间"的解决问题的水平
来源:2014年山东省济南市(教综)教师招聘考试。

12.关于教学与发展,维果茨基的观点是(　　)。
A.教学跟随发展　　　　　　　B.教学与发展并行
C.教学促进发展　　　　　　　D.教学等同发展
来源:2016年河南省许昌市(教综)教师招聘考试。

13.小学生在学习加法时,需要利用小石子、小木棒、手指等完成计算活动,依据加里培林"儿童智力活动按阶段形成理论",这种智力活动处于(　　)。

A. 活动的定向阶段

B. 无声的外部言语活动阶段

C. 内部言语活动阶段

D. 物质活动或物质化活动阶段

来源:2022年下半年全国教师资格证考试《小学教育知识与能力》选择题第10题。

14. 名词解释题:最近发展区。

来源:北京师范大学专业硕士招生333教育综合考试2010、2011、2014、2023年真题,华东师范大学专业硕士招生考试2011、2021、2022年真题,陕西师范大学硕士招生考试2012、2015、2016、2017、2018年真题等。

15. 简答题:简述赞科夫的发展性教学原则。

来源:2017年北京师范大学"333教育综合"简答题第2题。

参考答案

1. C

解析:维果茨基在《学龄前期的教学与发展》一文中把儿童于不同时期的教学分成三种类型。他认为三岁以前儿童是按自身的程序来学习的,例如语言,他是在与周围环境的相互作用中产生对语言的需要而学习语言,可称为自发型教学;到了学龄期,他便按以社会的需要所制定的课程来学习,称为反应型教学;而学龄前期,一方面,他有可能接受幼儿园要求的程序,但这种程序又要符合儿童的需要,可称为自发—反应型教学。

2. C

解析:从心理学的角度看,技能是经过练习而巩固起来的,接近自动化的活动方式。按其本身的性质和特点可以分为动作技能和智力技能。其中心智技能指的是一种借助内部语言在人脑中进行认知活动的方式,比如写作、阅读等技能。故本题的正确答案为C。

3. D

解析:弗洛伊德是奥地利心理学家、精神分析学派创始人。马斯洛提出了需求层次理论。皮亚杰提出了认知发展阶段理论、道德发展阶段理论。故选 D。

4. D

解析:维果茨基认为确定儿童的最近发展状态不能仅依靠当前的智力水平,还要了解儿童潜在的发展水平。A 选项:量力性原则是凯洛夫教育学中的一条重要原则,这一原则要求教学工作要充分考虑儿童已有的发展水平,不应超越这一水平。维果茨基的"最近发展区"思想给教学与儿童发展过程之间的关系的学说带来了一场大的变革,宣布只有跑在发展前面的教学才是良好的教学。A 选项表述正确。B 选项:维果茨基认为教学的着眼点主要不是今天为止已经完结了的发展过程,而是那些仍处于形成状态的、刚刚在发展的过程,不仅看到儿童的今天,更重要的是看到儿童的明天。B 选项表述正确。C 选项:赞科夫的一般发展理论是对维果茨基学说的继承,C 选项表述正确。

5. ACD

解析:B 选项客体永久性是皮亚杰提出的概念,排除。ACD 都是维果茨基的观点,在教育与发展的关系上,维果茨基提出了三个重要的问题:最近发展区、教学应当走在发展前面和学习最佳期限,并且强调内化说。综上,本题选 ACD。

6. ABD

解析:维果茨基除了提出最近发展区、教学和发展的关系外,还提出了历史—文化发展理论以及学习的最佳期(关键期),因此本题选 ABD。

7. C

解析:本题考查维果茨基的最近发展区。维果茨基认为,儿童有两种发展水平,一是儿童的现有水平,二是即将达到的发展水平。这两种发展水平之间的差异就是最近发展区,最近发展区也叫跳一跳摘桃子,这要求教学应走在学生发展的前面。因此,本题选 C。

8. A

解析:维果茨基认为,儿童有两种发展水平:一是实际发展水平,即由一定的已经完成的发展系统所形成的儿童心理机能的发展水平;二是潜在发展水平。这两种水平之间的差距,就是最近发展区或可能发展区。因此,教学应当走在发展前面,也就是教学要引导发展和促进发展,教学内容应该略高于儿童现有的水平,这样教学才能够促进发展。A 选项:教师引导学生去观察蒜瓣发芽的过程,培养学生的观察能力。观察能力是在教师的引导下发展的,因此体现了最近发展区的概念,符合维果茨基教育理念。A 选项正确。B 选项:在教学中只根据学生现有发展水平提出要求,这只关注了学生的现有水平,违背了最近发展区理念。排除。C 选项:对小学一年级的学生来说,解方程这个知识的水平太高,不是借助帮助能达到的,违背了最近发展区理论。排除。D选项:告诉学生理解不了的古诗文就直接背诵,教师的做法本身就是不正确的。排除。

9. B

解析:本题考查学生心理发展教育。维果茨基"最近发展区"理论提出"教学应当走在发展的前面"。这是他对教学与发展关系的最主要的理论。也就是说,教学"可以定义为人为的发展",教学决定着智力的发展,这种决定作用既表现在智力发展的内容、水平和智力活动的特点上,也表现在智力发展的速度上。B选项正确。A选项:关键期是指个体的行为和能力的发展有一定的时间,在此期间,个体对某种刺激特别敏感,过了这一时期,同样的刺激对之影响减弱或没有影响。与题干不符,排除。C选项:学习准备是指学生原有的知识水平或心理发展水平对新的学习的适应性,即学生在学习知识时,那些促进或妨碍学习的个人生理、心理发展的水平和特点。与题干不符,排除。D选项:实践反思理论为干扰项,与题干不符,排除。

10. ABCD

解析:本题考查的是维果茨基的教育思想。A选项:维果茨基从个体发生学的角度进行解释,提出了著名的内化学说。内化就是个体将在社会环境中吸收的知识转化到心理结构的过程。我们可以通过"心理发展源于在社会交互作用中对文化工具(语言、标志、符号)的使用,源于将这种交互作用内化和进行心理转化的过程"这句话来进一步理解维果茨基所说的内化。B选项:就个体发生学这个问题,维果茨基重点论述了教学和发展的关系,于是提出了"最近发展区",主要解决教学和学生内化程度的问题。C选项:维果茨基提出了人心理发展的两种机能,低级心理机能和高级心理机能。D选项:维果茨基的代表理论是文化历史理论,维果茨基认为研究人的心理就要研究个体所处的文化和历史背景。

11. C

解析:维果茨基认为,儿童有两种发展水平:一是儿童的现有水平,即由一定的已经完成的发展系统所形成的儿童心理机能的发展水平;二是即将达到的发展水平。这两种水平之间的差异就是最近发展区。因此,"最近发展区"指的是处于"今天与明天之间"的解决问题的水平。故本题选C。

12. C

解析:维果茨基是苏联著名心理学家,在教学和发展的关系上,维果茨基提出了三个重要的问题:(1)最近发展区思想;(2)教学应当走在发展的前面;(3)关于学习的最佳期限问题。"最近发展区"理论的基本观点是,在确定发展与教学的可能关系时,要使教育对学生的发展起主导和促进作用,就必须确立学生发展的两种水平:一是其已经达到的发展水平,表现为学生能够独立解决问题的智力水平;二是他可能达到的发展水平,但要借成人的帮助,在集体活动中,通过模仿,才能达到解决问题的水平。故 C 选项正确。A、B、D 三项不属于维果茨基关于教学与发展的观点,均为干扰项,与题干不符,排除。

13. D

解析:本题考查的是加里培林心智技能阶段形成理论。加里培林将心智动作的形成分为活动的定向阶段、物质活动或物质化活动阶段、出声的外部言语活动阶段、无声的外部言语活动阶段和内部言语活动阶段五个阶段。在物质活动或物质化活动阶段中,物质活动是指借助实物进行活动,物质化活动是指借助实物的模型、图片、样本等代替物进行活动。题干中,小学生使用小木棒等方法进行学习就是在借助实物进行学习,属于该阶段。D 项正确。A 选项:活动的定向阶段的主要任务是使学生预先熟悉活动任务,了解活动对象,知道将做什么和怎么做,构建关于认知活动本身和活动结果的表象,以便完成对它们的定向。与题干不符,排除。B 选项:无声的外部言语活动阶段开始从出声的外部言语向内部言语转化。无声的外部言语活动与出声的外部言语活动相比,其区别并非仅仅是声音,而是增加了更多的思维成分。与题干不符,排除。C 选项:内部言语活动阶段是智力形成的最后阶段。这一阶段的特点是心智活动完全借助内部言语完成,高度简要、自动化,是很少发生错误的熟练阶段。与题干不符,排除。

14. 维果茨基认为,儿童有两种发展水平:一是儿童的现有水平,即由一定的已经完成的发展系统所形成的儿童心理机能的发展水平;二是即将达到的发展水平。这两种水平之间的差异就是最近发展区。

15. ①以高难度进行教学的原则。"教学不能让儿童没有困难,这会养成学生思维的惰性。"赞科夫说,高难度并非愈难愈好,高难度的分寸以儿童的"最近发展区"为准,即儿童在教师的启发和帮助下,经过自己紧张的思维活动就能掌握的知识内容为准。②以高速度进行教学的原则。"以高速度进行教学,就有可能揭示所学知识的各个方面,加深这些知识并把它们联系起来。"③理论知识在小学教学中起主导作用的原则。"技巧的形成是在一般发展的基础上,尽可能在深刻地理解有关的概念、关系和依存性的基础上实现。"④通过教学使学生理解学习过程的原则。这一原则包括学生学习的主动性、自觉性、态度,理解教材本身的结构、知识之间的相互联系、错误的产生及其预防的机制和学习进行的过程等。⑤所有学生包括最差的学生都得到一般发展的原则。赞科夫不主张对成绩差的学生进行训练和布置大量训练性的作业,这样使他们负担过重,"不仅不能促进这些儿童的发展,反而只能扩大他们的落后状态"。因此他强调:"学业落后的学生,不是较少地而显然是比其他学生更多地需要在他们的发展上系统地下功夫。"

本章导读：维果茨基的教学过程三主体思想，特别是他关于环境在教学中的杠杆作用及最近发展区理论的阐述，引领了当今世界教育心理学的潮流。与传统教育理论相反，维果茨基基于唯物主义的视角，深入剖析了社会因素在教学过程中的重要作用。接下来，我们将聚焦于他关于课堂社会性的独到见解进行探讨。

第四章 论课堂社会

一、班级有趣实例

让我们先看看三个有趣的课堂实例，它们定能激发您的好奇与深思。

实例1：一天上物理课，教师到教室时看到黑板画得乱七八糟，于是叫值日生把黑板擦干净。可是等了好几分钟，都没有人出来擦，教师气得回教研室找班主任。当班主任走到教室门口，有一个男孩子赶紧出来把黑板擦了。

下课后，班主任找了甲、乙、丙、丁、戊等五个同学到办公室。他问甲："你是值日生，为什么不擦黑板？"甲说："我是昨天值日，班长说我做得不好，罚我今天再做一天，我不服，如果我出来擦了，同学们会笑话我没骨气，让'娘们儿'（班长是女生）管住了。"

班主任问乙："你坐在第一排，为什么不出来擦呢？"乙同学是一个小姑娘，父母都是汽车司机，一贯都注意中速行驶，她深受父母影响，做事不前不后，她说："班里有班干部，有团员，我为什么要抢这个镜头！"

班主任问丙："你不是正争取入团吗？出来做点好事嘛。"丙说："我也想过的，可是我怕有同学说我假积极，就是想入团。"

班主任对丁说："你是班长，为什么不出来擦呢？"丁说："同学们平时都议论我们班干部不抓原则问题，我罚甲做值日，如果不坚持，以后我们还能在班上开展工作吗？"

班主任问最后一个擦了黑板的男生，这孩子是班里最淘气的，看了电影《加里森敢死队》便自封为酋长。班主任说："你为什么擦黑板呢？难道你不怕同学说吗？"他说："说就说吧，反正我每天都挨说，今天我又迟到了。"班主任说："好吧，我明天在班上说一下这事。"

思考：如果你是老师，你会说什么呢？课堂上同学们的反馈是不是像社会上、工作上一样?[1]

实例2:一个英语老师给3个初二班级上英语课,第一个班级的课堂纪律很好,英语老师上课专注于教学和互动,由于教学双边互动较好,学生的热情点燃老师授课的激情,老师的激情又助长学生学习的兴趣,形成了一种良性循环。第二个班级由于学生对老师提出的问题没有回应,班内有一种压抑沉闷的气氛,影响老师的发挥,英语老师只是按部就班地把教学任务完成而已。第三个班级的课堂纪律很乱,学生还在黑板上写打油诗:"英语难啊英语难,看见老师就心烦,鸡肠鸭肠[2]随他去,考试起来吃鸭蛋。"英语老师告到班主任那里,可是班主任却说,别的老师上课都很好,只有你上课是这样。言下之意是你任课教师的问题,不是我带不好班。英语老师也说,我在别的班上课时都很好,就是上你们班的时候乱糟糟,实际上英语老师也在埋怨班主任。

思考:同一个老师,同样的教学内容,为什么不同班级的教学效果如此不同?

实例3:有一名后进生,教师语重心长对其进行个别教育时,他态度非常好,决心很大,并写了保证书。可他一回到班里,原来的哥们就阴阳怪气地讽刺他:"当然啦,又给老师洗脑了,要争取入团了,不和我们这些落后分子玩了。"他顶不住小群体的压力,又依然故我,气得教师说他"当面一套、背后一套",殊不知他确实是有"难言之隐"!

思考:教师的个别教育为什么难以起到预期效果?为什么哥们几句话就可以瓦解教师的个人教育成果呢?

以上几种情况在学校中是经常碰到的。第一个例子,假定课室里只有一个学生,不管是怎样的孩子,都会同教师合作,立刻把黑板擦干净,可是在群体中,个人的心理就不同了,每个人都考虑自己的行为的社会评价:"我这样做,别人会怎么样看我?"第二个例子,为什么同一个教师,同样的内容,同一种教学方法,两个气氛不同的班级的教学效果完全不同呢?或者说同一个班上不同教师的课,课堂纪律怎么会两样呢?这就关系到师生关系、学习兴趣、班级舆论等问题。第三个例子中,我们更可以看出小群体的作用,教师辛辛苦苦费尽口舌,不如哥们两三句话的影响大。

由此可见群体一经组成就会产生许许多多的社会心理现象,例如群体舆论、心理气氛、师生间和同学间的人际关系、每个成员在群体中的角色和地位、榜样的作用等等,所有这些都是教育社会心理学要研究的问题,也是我们把课堂之所以称为"课堂社会"的原因。

传统的教育理论只从学对教的依存性和学生掌握知识的心理过程等来研究,

---

[1] 见《中学生交响曲》,《文汇报》1983年5月8日。
[2] 指英文字母弯弯曲曲。

对学校班级、学生学习的社会背景不够重视。须知,学校是社会的组成部分,是根据社会的需要而建立的,社会的矛盾总是会反映到学校里来。例如社会对知识的价值观直接制约着学生的学习动机,近些年来从"读书无用论"变成了"唯升学论",家长只看到孩子的分数、重点学校等。学校本身也是一个小社会,学校也像社会一样,有各种各样的群体(领导班子、教师群体、学生群体、职工群体等),结成不同的人际关系,在交往过程当中产生复杂的社会心理现象,难教学生的品德不良,实质上是社会矛盾在他们身上的折射。因此,需要有一门专门的学科来研究学校社会、课堂社会。

二、课堂社会研究之概览

早在我国古代,人们就已经认识到群体社会心理的作用,孔子在教学中就很重视师生关系和学生间的互相切磋;古时候太子读书,总要有几个陪读的;《红楼梦》里贾政不在府里请家庭教师,而是将宝玉送到贾代儒执教的家塾中去学习,就是要使学习有一种社会气氛。

西方一些心理学家,例如特里普利特于1897年就做了社会心理学史上第一个实验,他要求儿童尽快地绕钓丝,结果发现一起绕的儿童比单独绕的儿童速度更快一些,这种现象称为"社会促进效应"。勒温于1934年与他的合作者一起进行有关民主与专制的群体气氛下儿童群体的研究等等。

在西方真正把课堂变成一个社会是在1969年,盖泽尔斯(J. W. Getzels)发表的《社会心理学》,其中《教育社会心理学》一文,研究了社会阶层、社会化、社会对智能的影响、种族隔离、补偿教育、学校与课堂、教师与学习者的特点对学习的影响等问题,这是这门科学在西方诞生的里程碑。在此之前,1933年普雷西(S. L. Pressey)著的《心理学与新教育》一书,加入了"儿童与青少年社会心理学"一章,谈到了学校中的一些社会心理学问题。由于当时美国的教育心理学正迷恋于桑代克的动物学习的实验,而未引起重视。

在1950年的美国《心理学年鉴》的教育心理学部分中,克隆巴赫(L. S. Cronbach)提出了要用社会心理学观点研究教育问题,50年代中期出版的一些教育心理学书籍都谈到了教育领域中的各种社会心理学问题。

1969年林格伦(H. C. Lindgron)写了一本《课堂教育心理学》(到1975年已连续出了五版),书中对教和学的性质、学习者及其动机、学习者的家庭、同辈群体、课堂中的问题行为、课堂管理、社会环境、不良学生的问题等都做了分析。林格伦说:"由于师生之间的关系是一种社会关系,并且教和学发生在一种社会背景之中,因此把教育心理学著作看作广义的应用社会心理学也是可能是合适的。"[1]

到了20世纪70年代后期,西方出现了一些比较有影响的教育社会心理学的著作,例如M. A. 班尼和L. V. 约翰逊一起合作的《教育社会心理学》(1975)、D. W. 约翰逊著《教育社会心理学》等。

在苏联,教育心理学的研究有较好的传统,虽然研究的历史比西方要短,但也建树颇多。早在20世纪二三十年代,列宁夫人克鲁普斯卡娅就对集体主义教育进行了许多论述,她指出要把学生培养成一个集体主义者,从幼儿就应该开始发展他们的友爱情感与善于过集体生活的习惯。十月革命后,马卡连柯长期从事青少年教育工作,他创办了高尔基工学团和捷尔任斯基公社,收容那些在战争中失去了父母的流浪儿,在他的《教育诗篇》《塔上旗》等著作中总结了许多集体教育的经验,他提出的教育原则与方法对后来苏联教育的影响很大。到了20世纪60年代,苏霍姆林斯基在普通学校建设班集体方面,更是提出了一整套理论和操作方法。20世纪七八十年代,俄罗斯著名心理学家彼得罗夫斯基,发表了许多关于学校集体方面的著作,如《集体社会心理学》《集体的心理学理论》《学校集体的社会心理学问题》《个性·活动·集体》等,他的这些著作基本上都是研究学校中的社会心理学问题,因此安德列耶娃把这些研究称为"学校社会心理学"。

在我国,新中国成立前有学者翻译过西方社会心理学的著作,如孙本文《社会心理学》,台湾1980年出版过李绪武根据D. W. 约翰逊的《教育社会心理学》编译的大学教材。

1983年章志光等人翻译出版了林格伦的《课堂教育心理学》。80年代以来,我国学者对儿童的社会行为、教师的期望对学生成绩的影响、青少年人际关系的特点与个性形成、课堂心理气氛、班集体的社会心理学问题等都做过许多有益的研究。但系统地论述教育社会心理学的著作还未见到。自1983年起,龚浩然教授所带领的团队对学校班集体建设作了长达十多年的系统研究,从中学到小学,后又延伸至幼儿园,既抓基础理论研究,又抓应用研究。

三、传统课堂教学的弊端

我们先来看看传统课堂教学的弊端。首先,只建立在个体活动的基础上,别看班级里有几十个人,但都是"黄牛过河——各顾各"。学生静静地听,自己思考,与同学小声交换意见是不受欢迎甚至是要遭到训斥的,而不少教师和学校领导也很欣赏这种鸦雀无声的课堂纪律。师生交往的模式,基本上是单向的、一对一的,学生虽然面向教师,但只看到前面同学的后脑勺,也就是说课堂的空间结构是秧田式

---

[1] 林格伦:《课堂教育心理学》序言,云南人民出版社1983年版。

的,竖成行、横成排,不便于同学间的交往(见图 4-1)。

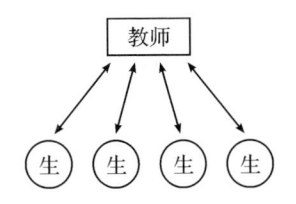

图 4-1　秧田式的课堂空间结构

其次,学生在教学过程中的地位很被动。传统的课堂强调教师是信息(知识)的携带者,处于主体地位,起主导作用,而把学生看成只是接受信息(知识)的客体(口袋),这是教师中心、课本中心、课堂中心的思想基础。由于学生在教学过程中属于从属地位,没有自我表现的机会,与同龄人交往的需要无法得到满足,学生的主体性、主动性很难得到表现,从而也容易形成注入式、满堂灌等弊病。

再者,传统课堂的结构是松散的,甚至是没有结构的。教师只是对一个个个别学生负责,班长、小组长等角色只是协助老师收发作业而已。教学似乎可以无视群体水平的差异而进行。课堂本身根本不可能成为一种教育力量。例如,中小学的一些班级,课堂纪律很难维持,教师管了这个,就顾不了那个,有时弄得无法讲课。

最后,传统课堂忽视社会心理特点的作用,或者说根本就无视课堂的社会心理特征。过去教育学的教科书谈到课堂教学时,最多说教学是师生的双边活动,或者说是学生在教师指导下的认识过程,但教学的实质是教师、学生与课堂情境三者的协调,这个问题在第二章已讨论过。师生在共同活动中所依赖的教育情境,如课堂心理气氛特别是师生共鸣、师生人际关系、班集体的舆论水平等都很少甚至没有进行设计和研究,而这些环境因素却是有力地制约着师生的课堂行为的。

正如上面的例子,传统的教育教学理论在研究教学工作时,常是从个体的角度出发,采取"手工业方式",课堂里虽然集合了数十个学生,但他们的关系是松散的,支配这种教学模式的逻辑是科技理性或者说是工具理性,停留在大规模生产的工业化时代。教师在做学生的思想工作时,也只重视个别教育。也就是说,教师忽视了学生学习时以同龄人作为背景的社会环境。

由此可见,我们必须从方法论的基础上重新认识什么是课堂社会,它到底有什么作用。

四、赞科夫对课堂社会的研究

赞科夫从 1950 年开始,就研究教学与学生发展的问题。他结合对传统教学法的分析、批判,提出了关于小学教学新体制结构和新的教学论原则。他从维果茨基关于环境是教学过程的真正杠杆的原理出发,提出了要研究"课堂社会"。

首先我们看看什么是社会？社会指在特定环境下共同生活的生物，能够长久维持的、彼此不能够离开彼此的相依为命的一种不容易改变的结构。社会是共同生活的个体通过各种各样关系联合起来的集合。课堂是由在特定的环境中共同生活的一群学生，通过各种各样的关系和活动联合起来的，可以称为课堂社会。

课堂之所以称为"社会"，从心理学特点的角度来看，课堂具有一切社会的心理特点。这些特点包括群体的目标，舆论对个体的影响，交往与人际关系，人际协调与自我调节，个人在群体中的角色、身份和地位对个体的影响，群体心理气氛与群体的凝聚力等等，这些都对教学过程有重要的影响。

赞科夫认为课堂社会具有如下特点：

第一，学校本身在一定意义上是一个社会，它由许多各种各样的群体组成，有教学班、教研组、少先队、共青团以及学校领导班子等；

第二，学校与社会一样，形成了很复杂的人际关系，如领导与教师、教师与教师、教师与学生及教师与学生家长、学生与学生等；

第三，学校与社会一样，有一定的行为规范，有明文的也有不成文的，有道德教育和舆论监督，要遵守一样的社会价值定向系统。

赞科夫特别重视学校的校风建设，他认为校风表面上好像看不见，但它"物化"在学校领导、教师、学生乃至校园环境之中。对于一个教学班，班里的心理气氛对该班的教师、教学、学生的道德都起很大的作用，学生是作为群体的一分子参与学习的。

也就是说，课堂社会特点的形成与教育的影响都是一种教育力量。对学生来说，班集体就是最优秀的课堂社会，因此下一章，我们就要谈谈班集体的建设。

❖ **本章思考练习**

1.（多选题）赞科夫提出的教学原则有（　　　）。

A. 高难度原则

B. 高速度原则

C. 理论联系实际原则

D. 理解学习过程的原则

E. 可接受性原则

来源：河南省郑州市经济开发区（教综）教师招聘考试。

2.（　　　）认为教学一旦触及学生的情绪意志领域，触及学生的精神需要，这种教学法就能发挥高度有效的作用。

A. 罗杰斯　　　　B. 洛扎诺夫　　　　C. 赞科夫　　　　D. 嘎斯基

来源：当代世界中小学教学改革的趋势（江西）。

参考答案

1. ABD

解析：本题考查赞科夫的教学原则。赞科夫在教学与发展中提出发展性教学的五条原则：高难度、高速度、理论知识起指导作用、理解学习过程、使所有学生包括"差生"得到一般发展。A、B、D三项正确。C选项：理论联系实际原则是教学的原则之一，指教学要以学习基础知识为主导，从理论与实际的联系上去理解知识，注意运用知识去分析问题和解决问题，达到学懂学会、学以致用。与题干不符，排除。E选项：可接受性原则又称为量力性原则，是教学的原则之一，指教学活动要适合学生的发展水平，这一原则是为了防止发生教学难度低于或高于学生实际程度而提出的。与题干不符，排除。

2. C

解析：现代教学论认为，教学过程不仅是一种认识过程，也是一种情感互动过程，是促进学生知、情、意和谐发展的过程。情感对教学过程具有调动、维持、调节之作用。因此，教学方法的改革已无法回避并越来越重视情感因素了。诚如赞科夫所言："教学法一旦触及学生的情绪意志领域，触及学生的精神需要，这种教学法就能发挥高度有效的作用。"故选C。A选项：罗杰斯倡导非指导性教学法，排除。B选项：洛扎诺夫提出暗示教学法。D选项：嘎斯基提出"合作掌握学习"。

本章导读：维果茨基深刻强调了课堂社会的重要性，那么，何为优秀的课堂社会？我们坚信，一个优秀的班集体正是学生成长的最佳课堂社会。在本章中，我们将一同深入探讨影响课堂社会的各种要素，分析课堂心理氛围与教学成效之间的关系，以及如何通过丰富的集体活动来优化我们的班集体，为学生们营造一个最优质的成长环境。

第五章　班集体就是最优秀的课堂社会

一、影响课堂教学效率的诸因素

影响课堂教学效率的因素有很多，有的不是教师所能控制的，例如来自社会大群体的因素；有的是教师可以控制的，如课堂内的安排和设计。当然，课堂社会是受宏观社会影响的，社会问题总要折射到学校来，折射到孩子身上。下面我们就从四个方面来进行分析。

(一) 课堂外部环境

学校是社会的一个重要组成部分，课堂教学是学校的主要活动，因此课堂教学的效率，不仅取决于教师和学生，还要受外部环境的影响。这些影响因素包括以下三个方面。

第一，社会大环境的因素。社会文化传统、社会当前的价值取向以及社会的整个控制方式都会对课堂教学的目的、内容、教学方式等产生影响，这个道理是不言而喻的。社会上重视知识、尊重人才，学生便会认真学习，如当前国家比较重视知识，学生们都努力学习，以考上名牌大学为荣，但也产生了一种偏向，即只讲分数不问政治，不愿意参与社会工作。但如果整个社会宣传读书无用论，那么学生们必然会学心涣散、缺乏学习动机。

第二，社区因素。社区的文化环境也很重要，学生的来源、学生的家庭背景、社区的舆论等都影响着学生的学习。调查表明，生活在一些城乡结合部、车站、码头、自由集市周围等人员复杂、文化环境差的地方，学生的课堂行为将受到严重影响。

第三，学校因素。学校对教学效率的影响主要体现在四个方面：一是教学设施与资源的完善性，包括先进的硬件设备和丰富的教学软件资源，为学生创造更好的学习条件；二是教学管理与评价的规范性，确保教学计划有序进行，评价体系公正科学，激励教师和学生共同进步；三是教学氛围与文化的塑造，营造积极向上、互相支持的学习氛围，塑造包容多元的校园文化；四是教师支持与培训的提升，重视教师专业发展，提供培训和激励机制，激发教师工作热情。这些都是学校层面影响教学效率的诸因素。

(二)课堂教学结构

1.课堂教学结构

从静态的角度分析，包括：①教学目的，教师、学生通过教学掌握知识技能与实现个性化、社会化；②教学三主体，即教师与学生以及处于二者之间的环境；③教学媒介，即教学内容与教学手段(方法)等。

从动态的角度分析，教学是一个过程，包括角色扮演过程、规范形成过程、知识掌握过程、人际互助过程以及教学评价过程等，这些过程组织得如何，可从四个指标来衡量：量(质量和数量)、序(程序或不同的结构安排)、度(教学要求的程度、速度、强度)、势(教学情境)。它们直接影响着课堂教学的效率。

2.教学过程组织的原则

我们仅从群体心理的角度，谈谈教学过程组织的原则。

第一，首先最重要的因素是人，是人的活动，教学过程应该体现教和学双方的主体积极性。教师的主体积极性最主要的表现是对教学的责任感，即千方百计把学生的积极性调动起来，以最优化的方式组织教学过程。所谓最优化，按照苏联教育家巴班斯基的定义，就是用最短的时间、耗费最少的精力达到最高的教学效率和质量。学生的主体积极性则表现在他们对学习的进取精神，即自觉、自主、能动、活跃、创造性地参与整个过程，学生真正进入自己的角色(学习角色和创造角色)，从而使注意力和思考力都处于最佳状态。

第二，师生的平等合作，这是新型师生关系最本质的特点，教学过程是师生创造劳动的过程，必须创设一个民主、和谐、宽松和积极活泼的教学环境，才有利于师生间的信息交流和情感互动。物理学上讲的同频共振现象，在愉快、融洽的合作过程当中就能够体现出来。

第三，健康的智力通常给师生情绪带来一种愉悦感，体会到进入博大的知识世界的自豪、惊奇、赞叹，以及探索的需要和乐趣。孩子们总是带着许许多多的问题来学习，一大批问题被解答了又产生了新的问题，真是学海无涯，越钻研越有兴趣，甚至到废寝忘食的地步。

第四，成功的体验使师生精神得到满足，从而激发起更高的学习积极性，达到"想学、会学、乐学、学会"的境界，既动脑、动口、动手，又学得有趣，学得生动，学得扎实，学了会用。当然，教学中遇到挫折是不可避免的，能正确对待挫折，对孩子也是一种教育力量。例如正确运用评价法以提高学生的学习愿望等，我们在下面讨论成绩评定法时还会谈到。

第五,寓个性发展教育于知识掌握之中,即通过教学促使学生的个性得到发展,这才是全面理解课堂教学效率。苏霍姆林斯基说:"知识是照亮生活道路的光源",有助于学生获得"丰富多彩的幸福的精神生活"。

(三)教学内容设计

20世纪50年代以来,各发达国家在教学改革方面都非常重视对教学内容的改革,如美国心理学家布鲁纳的课程改革方案,苏联心理学家赞科夫、达维多夫的课程改革方案等,我们认为主要有以下几点值得参考。

第一,从知识的价值观来看,充分考虑教学内容的科学价值和生活价值,用最新的科学知识、能够学以致用的知识来武装学生。

第二,从知识的结构来看,强调知识的系统性、逻辑性、连贯性,着重基本原理、概念、定理以及知识间的有机联系,使知识转化为学生认识世界和改造世界的能力。

第三,从难度来看,知识的难度应指向学生的"最近发展区",即学生力所不及,但经过努力又变成力所能及,不断地有所发现,有所发明,有所创造,从而有所前进,提升学生的学习兴趣,激发新的学习动机和求知欲。

我国一些教育工作者把教学内容的设计概括为新、精、深三个字,有的则提出:对知识要抓起点、抓基础、抓关键,让所有学生都能有效地掌握教学内容。

(四)学生学习动机

传统教学心理学研究学习动机时,把重点放在进行学习目的的教育上,要使学生认识学习的社会意义,即把当前的学习与建设国家和促使自己成材的理想教育联系起来,这是激励学生奋发向前的重要动机。

我们在实验教学过程中发现,教学过程本身的吸引力是激发学生学习动机的重要因素,这些因素有:

1. 教学教材内容自身的丰富性和艺术性。教学教材内容丰富且有艺术吸引力,这是很重要的,例如我们讲草船借箭,学生兴趣盎然,由此激发他们阅读课外书《三国演义》的兴趣。

2. 学生对所学知识的实践意义的理解,认识到学习有用、能用,能解决实际问题。

3. 教师的教学方法使学生在学习过程中得到乐趣和满足。一是经过一定紧张的智力活动,在解决问题中享受到成功的欢乐。二是教学过程、教材内容等很有吸引力,学生学得有趣,很愿意学。

4. 在教学过程中,获得分析问题、解决问题的方法,并且有所发现,有所发明,有所前进,创造性活动使学生感到满足。

二、课堂心理气氛与教学效果

明明家里的电视机就可以看电影了,为什么大家还是愿意花钱去电影院看电影呢?明明自己跑步就可以健身,为什么大家还是愿意花钱办健身卡到健身房跑步呢?生活中这样的例子数不胜数,无不说明一个问题,那就是气氛的重要性。在教学上亦是如此,课堂气氛是影响教学效果的重要因素。

(一)课堂心理气氛及其作用

课堂心理气氛,是指课堂教学过程中能否顺利进行教学所依赖的群体情绪状态。这种气氛既是教学的心理背景,也是在课堂教学中产生和发展起来的。

赞科夫的教学实验就十分强调良好的课堂心理气氛的作用,他说:"学生在课堂里高高兴兴地学或者愁眉苦脸地学,效果是完全不一样的。""书山有路勤为径,学海无涯苦作舟",学习必须刻苦努力是对的,但从学生在课堂上应有的心理状态这个角度来看,应该是"乐作舟"更妥当。这一点每个教师和学生都深有体会,有的教师上课学生只盼下课铃响,而有的教师下课了还被学生"纠缠"着问个不停,意犹未尽。因此,在课堂上创造一种使大家心情愉快、有强烈的认识兴趣与求知欲、积极探索知识的良好心理气氛,才能使学生开动脑筋,充分发挥自己的才能。课堂心理气氛是学生学习动机的具体表现。

(二)课堂心理气氛的类型

我们根据观察,以师生的心理状态(注意状态、情感状态、意志状态、定势状态、思维状态、交往状态)为指标,把课堂心理气氛分成三种类型,积极型、消极型和对抗型。下面是这三种类型的心理指标(表5-1)。

表 5-1 三种课堂心理气氛心理指标

师生心理状态	积极型	消极型	对抗型
注意状态	稳定、集中,全神贯注甚至入迷	呆若木鸡、打瞌睡(教师严厉管教) 分心、搞小动作(教师管理能力较差)	学生的注意力常常故意指向与课程内容无关的对象
情感状态	积极、愉快、情绪高涨、感情融洽,学生学习兴趣强烈,师生情感有共鸣	压抑的、不愉快的(教师严厉管教) 无精打采、无动于衷(教师管理能力较差)	学生有意捣乱,敌视教师,讨厌上课 教师不耐烦,甚至上课发脾气
意志状态	坚持,努力克服困难	害怕困难,叫苦连天,设法逃避	冲动

续 表

师生心理状态	积极型	消极型	对抗型
定势状态	学生确信教师讲课内容的真理性,亲其师信其道	对教师讲的东西抱有怀疑态度	不信任教师,甚至故意挑教师的错
思维状态	教师语言生动有逻辑,激发学生紧张思维,快速解题并迸发创造力	出现思维惰性,不大动脑筋,反应迟钝	不动脑筋,教师讲什么都听不进去
交往状态	师问生答,生问师答,同学间、小组间相互讨论,形成一个全员参与的交互网络,师生关系良好	教师提问,学生不愿意回答;学生不提问;小组讨论冷淡或者讲无关的问题;交往频率低	不理睬教师,也无法组织讨论

(三)最佳的课堂心理气氛的特点

积极型的课堂心理气氛最有利于学生掌握知识。由于师生注意力集中、情绪愉快、意志坚定、思维活跃、人际关系融洽,教学效果颇佳。概括起来,我们认为良好的课堂心理气氛,表现出以下的心理特点:

静,即课堂中纪律好,师生思想集中,各个教学环节有序,但又不是鸦雀无声的只是带着耳朵听的;

活,学得灵活,师生智慧的火花在燃烧;

灵,健康的智力紧张,师生积极的思维迸发出灵感,师生信息交流迅速;

乐,求知欲得到满足,师生都获得有所发现的快乐;

趣,课堂上充满情趣,人际关系亲密无间。

有同学说,上这样的课一点也不觉得累,反而是一种享受。

(四)制约课堂心理气氛的因素

制约课堂心理气氛的因素是十分复杂的,要全面分析和阐明这个问题,牵涉多个学科,有政治学、社会学、政策学、教育学、心理学、生理学、物理学等等。在这里,我们仅从心理学的角度看影响课堂心理气氛的因素。

1. 从个体心理的角度分析

师生的智能特点,即师生的知识水平、智能活动特点以及工作和学习能力等方面,是保证良好课堂心理气氛的基础。

教师方面,首先良好的教风十分重要,良好的教风的标志是:正确的教学思想、认真负责的教学态度、高超的教学能力和教学艺术、良好的教学风格、严格的治学精神、科学的管理方法、高尚的道德品质。然而,不少教师知识水平低,教学内容的重点、难点及逻辑体系掌握不好,教学方法呆板,语言乏味,照本宣科,像唱睡眠曲似的使学生昏昏欲睡,且对学生的态度生硬,鄙视差生,甚至变相体罚学生,这样肯定创造不了良好的课堂心理气氛。当然,大部分教师是优秀的,他们知识广博、思路宽广、教法灵活,善于启发学生的思维,使一堂课变得妙趣横生,这样的心理气氛有助于学生掌握知识技能和发展智力、个性。

学生方面,课堂上的学风也很重要,如果学生"傻乎乎"的,对课的内容不能理解,有时甚至完全听不懂,这样他们就会感到无聊,思维处于抑制状态,或者坐不住、搞一些小动作……当然,改变这种状况的关键在于教师如何因材施教,把课堂内容设置在学生的"最近发展区",把学生的积极性调动起来。

再说学习动机,学生的学习动机是制约课堂心理气氛的强有力的因素。研究表明,凡是学生有浓厚兴趣且对学习有正确认识的学科,上课会表现出注意力集中,努力克服困难,有较高的思维积极性,因而课堂气氛好。如果学生上课前有厌学情绪,就不会配合教师。不过,中小学生的学习动机在很大程度上是在教学过程中被激发出来的,例如教师教得好,学生很有兴趣,便愿意学这门课程。

情感支柱也很重要,情感和注意力是一样的,总是伴随着认识过程。在课堂上能否激发学生积极的情绪体验至关重要。赞科夫说:"扎实地掌握知识,与其说是靠多次的重复,不如说是靠理解、靠内部诱因、靠学生的情绪状态而达到的。"师生良好的情感共鸣,能创造出健康的、良好的课堂心理气氛。

2. 从群体心理的角度分析

首先,校风是一种精神力量,包括学风、教风和领导作风,是学校长期地、一点一滴培养起来的,是过去的工作在精神方面的成果凝聚而成的精神结晶。校风是无形的,但是又能让人感知到,它人格化在学校多数人身上,物化在校容、学校制度等之中。学生来到学校,便不自觉地受到校风的熏陶和同化,克服与新环境不相适应的困难。良好的校风会促使学校全体成员精神焕发,约束那些不符合群体行为规范的行为。因此,良好的校风能给课堂心理气氛一个比较稳定的心理背景。

其次,班集体的水平至关重要,无论经验怎样丰富、教学水平怎样高的教师,到一个乱哄哄的,处于松散群体水平的班级上课,也不会出现良好的课堂心理气氛的。

最后,必须强调的是教师对课堂上偶发事件的处理是否恰当也是非常重要的。前面已经说过课堂心理气氛既是教学的心理背景,又是在教学过程中产生和发展起来的。其关键在于教师的教学机智。

例如,一位初中语文教师讲《愚公移山》一课时,向学生提出问题:"愚公是否真愚?智叟到底智不智?"一个学生回答:"我认为愚公真愚,他为什么要移山,把房子搬到山前面不就成了。"这个回答立刻引起全班的兴趣,大家都认为搬家比移山要快捷、合理,是个聪明的主意。然而这样一来,把教师原来的命题也改了,如果教师比较机智,可以指出这是一则寓言,从寓言的特点对主题作进一步分析。可惜该教师没有这样做,而是给那位爱动脑筋的同学扣了一顶"思想异端"的大帽子,全班同学的情绪立刻一落千丈,没有人敢再发言,无论教师怎样"启发"都不行,一堂心理气氛活跃的课就这样被压抑了。

还有一次,广州十六中教英语的林荣坤老师上课时,当她教"cock"这个单词时,一位平时英语成绩很差的调皮学生用流里流气的声音在座位上用广州话喊:"英语有无鸡乸?"[1]全班哄堂大笑,教学秩序被打乱,林老师待同学们稍安静后严肃地说:"有的,母鸡叫hen,还有小鸡叫chicken。"她领着大家读会这几个单词后就提问那个捣乱的学生,结果他也会了。林老师表扬他说:"你今天不错,不但学会了公鸡,还想知道母鸡,我们还学了小鸡,全班都超额完成了任务,希望今后你更积极学外语。"林老师话锋一转,又说:"但是你刚才提问不举手就喊出来,而且声音叫人听来有点低级趣味,同一句话,语调不同就不一样,以后要注意。"林老师这样处理,既没有破坏课堂心理气氛,又使受批评者心服口服,还让同学们受到了教益。[2]

三、有效的学习集体的特点

综上所述,可以得出结论:要实现我们所说的教学的社会功能,要提高课堂教学质量,必须有一个有效的学习集体,才能保证共同活动的目标、动机、角色、相互关系、结构、形式等影响课堂教学效果的因素发挥作用。

那么,什么是有效的学习集体呢?它有哪些特点?

(一)目标与舆论

一个有效的学习集体,首先,它崇高的亲社会目标把它的成员团结起来,使他们能够步调一致地开展学习活动。集体的目标有助于学生提高自己的抱负水平,争取优良成绩,例如在商品经济大潮中,有一段时间,无锡市不少初中生纷纷退学,而我们实验班的学生都能顶住这股"读书无钱论"思潮,努力学习,无人辍学。

健康的舆论是一种巨大的教育力量,一个有效的学习集体在明确理解和接受集体的基本目标与任务时,强大的、有权威的舆论激励着他们自觉地克服困难,努力学习。有些老师在班级中特别注意树立学习的荣誉感与羞耻感,在教学中引导成绩差的学生克服困难,跨越台阶。就算班级原来基础较差,到初中毕业时成绩达到年级之首,也能被教育局评为优秀班集体。

(二)团结与互助

(1)师生合作。赞科夫说:"就教学的效果来说,很重要的一点是要看师生之间的关系如何。"教师如果能鼓励学生积极地、负责地学习,对所有学生包括成绩欠佳

---

[1] 鸡乸即母鸡,广州话比较粗俗的叫法。
[2] 黄秀兰:《试论课堂心理气氛与教学效果》,《应用心理学》1986年第2期。

的学生都表现出信任和期望,便能产生"皮格马利翁效应"。学生的团结合作在很大程度上也取决于教师的引导。

(2)学生的团结互助。我们在实验班中采取了很多措施,例如在课堂上按"力量均衡"原则分组,使每个学生都得到别人的帮助,让高年级学生给低年级学生当辅导员,这既有利于提高高年级学生的抱负水平,也有利于低年级学生的学习。此外,还有集体评分法等。

(三)模仿与竞赛

模仿是儿童最重要的心理特征之一,从某种意义上说,模仿就是学习,是学生能动性的表现。榜样的力量是巨大的,它有启迪作用,能使儿童受到启发从而产生学习与模仿的动机与行为,榜样还能起激励作用。学生的榜样有以下特点:针对性强,情况熟悉,容易模仿,别人能做的,自己也能做到。在实验班教学过程中,这一情况十分明显,例如开始进行集体讨论时,很多学生不敢起立发言,在大胆发表意见的同学的鼓舞下,到后来几乎全班同学都争取发言,课堂气氛热烈。

竞赛是建立在集体成员间或集体与集体之间的相互促进的关系上,以共同的奋斗目标和社会主义协作原则为基础,以心理相容为背景的活动。我们不主张学生在学习上搞什么有指标的竞争,因为每个人的知识基础和智力特点不同,这样会给孩子造成心理压力,但是在集体教学中,使孩子形成一种竞赛心理,使孩子在智力、体力和情绪上都积极起来,使集体笼罩在一种热烈的气氛中,是有好处的,例如课堂上的"抢答"活动、"脑筋急转弯"等。

(四)纪律与自觉

课堂纪律是维持课堂教学秩序的、每个学生都必须遵守的课堂行为规范。纪律的特点是它的强制性与约束力,违反纪律是要受到惩罚的,但是在有效的学习集体中,这种纪律要求已经内化为学生内心的需要和信念,他们把执行纪律看成是一件愉快的事情,即自觉性。

四、如何优化班集体

从上述对有效学习集体特点的深入分析来看,班集体无疑是最高效的学习集体,因为它完全具备了所有促进有效学习的条件。班集体为课堂教学活动营造了一个理想的微观社会环境,这一环境极大地推动了课堂教学质量的提升,使学生智力在教学过程中能够获得显著发展。

正如我们在第二章维果茨基的三主体思想中所提及的,为学生构建一个良好的微观环境,实质上就是打造一个积极向上的班集体环境。在那里,我们已经详细探讨了班集体对学生发展的多方面功能。接下来,让我们聚焦于班集体建设的过程,以及在此过程中至关重要的共同活动。

(一)群体的几种水平

世界上没有一门学科比研究人及人的心理更复杂的了,研究班集体就是要研究班集体影响下的个人和群体的心理。苏联著名教育家苏霍姆林斯基说:"学生到学校来,不仅是来读书,他要学会生活,学会做人。学生一天至少有8个小时是在学校度过的,学校的影响至关重要,特别他所在的班级群体。"

一个班级(如教学班)一经组成,就会产生许多社会心理现象,例如群体舆论、心理气氛,师生间、同学间的人际关系,每个成员在群体中的角色和地位,榜样的作用等。根据群体的社会心理特点,可将其划分为不同水平。

1. 松散群体。如刚组成的教学班,同学来自不同的地方,彼此不认识,学校派班主任,班主任派班干部,按照学校制定的计划活动。这种群体有以下特点:(1)群体成员彼此缺乏充分的交往,人际关系是情绪性的,即原来相识或初步有好感而互相接近;(2)群体还没有大家认同并愿意遵守的行为规范,只是按要求参加共同活动;(3)群体意识差,聚合力弱,心理气氛是由这种直接的相互关系与相互接触决定的。

有的班主任有强大的组织能力,有的班的学生来源比较优秀,这个时期每个人都在"观察别人,表现自己",绝大多数孩子都有从头做起的决心,因此群体水平可能很快上升,成为合作群体。但也有始终乱糟糟的还停留在松散群体的水平。

2. 合作群体。由于共同活动,群体不断变化和发展,出现了很多新的特点:(1)同学在彼此熟悉和了解的基础上,三五成群结成小圈子,即出现了非正式结构,这是人际关系中常有的事;(2)群体意识增强,即有了"咱们班"的情感;(3)群体活动的中介作用加强了,每个成员在行动时,都会想到班级的荣誉;(4)群体所制定的目标与行为规范已部分地被大家接受;(5)班干部开始得到大家的信任和拥护,即群体的自我管理水平提高了;(6)人际关系不仅是因情绪好恶而产生一定的责任依从关系,即群体成员在群体中的角色和地位由群体成员参与共同活动的程度与贡献及所得到的评价而决定。我们观察到,大多数班级都是这个水平,虽然有了很多积极因素,但这种合作群体是不稳定的,也很可能退回到松散群体,这主要看班主任、教师的组织能力和教学水平。

3. 集体。对于教学班来说,班集体是班级群体发展的最高阶段,是班主任工作的奋斗目标,班集体是一个具有独特社会心理特征的共同体,决定集体形成的主要因素是班级中那些具有积极社会意义的共同活动,在开展这些活动的基础上群体便形成各种特殊的关系,如成员价值取向的一致性、成员集体意识的增强、人际关系的多层次结构与日益团结等。

(二)班集体建设需要共同活动

群体是社会组成的基本细胞,群体是通过共同活动形成的,离开共同活动群体便失去了其存在的基础,即使是一堆人聚在一起,如果没有共同活动,也只能称为人群、人堆。通过共同活动,人群、人堆便可以转化为群体,甚至可以上升为集体,我们的目标是建设班集体,而不是班级群体。

班集体的建设是一个从松散群体到合作群体,再到班集体的过程。在龚浩然教授团队的班集体优化实验中,曾提出班集体建设的循环达标操作法(见图5-1)。

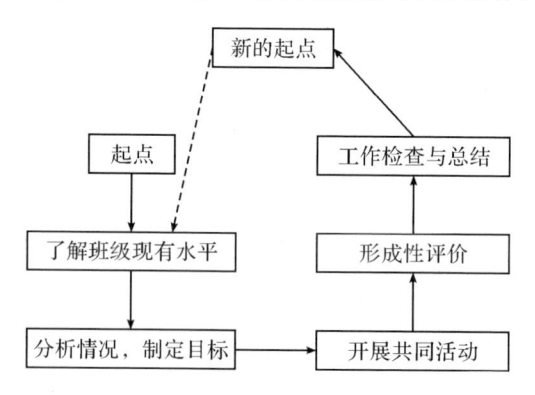

图 5-1 班集体建设的循环达标操作法

1. 了解班级现有水平

了解班级现有的发展水平,这是班集体建设的起点。那么,要了解哪些方面的情况呢?

(1)学生的基本情况,如男生、女生各多少,是否曾经学过本学期的课程内容。

(2)学生的家庭情况,如家长的文化层次、家庭的经济背景、家长职业、家庭结构、家庭成员关系、家长对该生的学习期望等。

(3)学生的健康状况、情绪状态、人际关系、学习动机与抱负。

(4)班级原来的情况,如班风、舆论、班级干部、与各科目教师的关系、班级学习情况等。

(5)同学对班级的认识和态度,如归属感、认同感等。

2. 分析情况,制定目标

分析情况要找准班级的主要矛盾、当前必须解决和可能解决的问题,先抓住一两个问题,抓住就不放,务求做出成效。

然后制定目标,特别是近期目标,一定要具体可行,落实到小组和个人。目标制定要融合学校计划和教学安排,班级目标要与个人目标融合起来,使每个学生的目标都是班集体总目标的一部分。

3. 开展共同活动

从图5-1中可以看到,班集体建设最重要的是开展共同活动。那么班级有哪些共同活动呢?共同活动是怎样影响班集体和学生的?班级如何组织开展共同活动呢?我们在下一小节详细展开论述。

4.形成性评价

形成性评价是一种基于过程的评价,教育是一个不断塑造人的灵魂的工程,十年树木、百年树人,学生有很多的品质需要在长期的"和风细雨"中磨炼,"润物细无声",才能见效,所以我们要用发展的眼光来看待我们的学生和班级建设。

5.检查与总结

检查、总结与形成性评价不同,主要是从工作的角度、学生自我教育的角度、班集体组织机构的角度来对整个活动的目的、计划、过程进行全面的总结。

为此,检查、总结需要做到"三全"。第一,全过程检查总结(包括目标制定、活动开展情况以及结果分析);第二,全班参与检查总结,所有参与共同活动与操作的人都发表意见;第三,全面检查总结,对学生的德智体美劳各方面有积极影响,教师通过共同活动进行全面检查总结,对自己的教育思想和教育能力有提升作用。

只有这样,才能使班集体通过共同活动向着制定的目标迈进,通过检查总结达到新的发展水平,找到新的起点,开启新一轮的循环,向着班集体的"最近发展区"前进。

五、共同活动是班集体的生长点

(一)什么是共同活动?

人出生之后,总是要通过活动与外界来联系的,第一种是人作用于自然界各种实物的活动,即主体作用于客体的活动;第二种是人作用于人的活动,即主体作用于主体的活动,我们称之为交往;第三种是指两个以上的人为了满足彼此的需要,有目的地作用于客观事物而实现相互配合的动作系统,即共同活动。

共同活动是人的活动的基本形式,共同活动总是为了满足活动参与者的需要,虽然需要是主体的心理状态,但它是客观要求在人脑当中的反映,是客观要求作用于主体而体验到的一种心理状态。

在社会生活中,个人的活动常常要通过与他人的共同协作来进行,因此共同活动是人的活动的基本形式。

维果茨基十分强调共同活动对人的心理发展的重要性。人出生以后就生活在群体中,儿童的心理最初是通过与成人的共同活动发展起来的。随着儿童的成长和心理的复杂化,儿童逐渐脱离与成人的共同活动,在游戏的共同活动中互相配合,模仿成人的社会生活,从而促使儿童的个性进一步发展。

维果茨基指出:"个性是通过他在别人面前的表现,才变成自身现在这个样子,这也是个性的形成过程。"[1]由此可见,个性的形成和发展一刻也离不开群体的共

---

[1]《维果茨基文集》第三卷,莫斯科教育学出版社1983年版,第144页。

同活动。

怎么样才能全面地发展人的个性,培养人的良好的个性品质,提高人的素质呢?在马克思主义看来,个人只有在集体中才能得到全面发展自身素质的可能性,马克思和恩格斯认为,集体是社会主义的概念,因为只有社会主义制度才能为集体的存在提供可能性,个性的全面发展只有通过集体才有实现的可能,因此他们指出:"只有在集体中,个人才能获得全面发展其才能的手段。"[1]

我们要建设的班集体是集体分类当中属于学习集体的一种类型,是班级群体发展的高级阶段。建设良好的班集体要实现两个社会心理指标,一个是集体本身的建设指标,一个是学生个性发展的指标。从维果茨基的主体性教育思想来看,班集体的一切教育方法是否具有科学价值,取决于它能否调动每个成员的积极性,唤醒与启迪每个人身上最好的东西,促使个性得到充分的发展。

上面指出,群体是通过共同活动形成的,一个人的心理发展,包括个性的形成和发展,也是通过共同活动来实现的,班集体的建设和学生个性的发展都是通过共同活动来实现的。

然而并不是任何共同活动都能促进班集体的形成和发展,我们也经常观察到,有些共同活动甚至会阻碍群体前进,对班集体建设起消极作用。因此,共同活动的计划性与严密的组织、角色的合理配置、参与者彼此协调、活动内容的针对性等都是影响群体前进的重要因素。共同活动的优化是维系班集体成员情感的精神支柱,通过优化的共同活动,班集体就能像一块磁铁一样,吸引着它的全体成员。

(二)学生共同活动的发展

学生的共同活动是多种多样的,我们可以从活动的方式来分类,最多的是课堂上的共同活动——教学,其次是课外活动。除此之外,还有其他的分类方式,但不管哪一种分类方式,学生的共同活动都应该有以下特点。

第一,活动的组织性、计划性和系统性,学校的共同活动是根据国家的教育计划、方针政策、教学大纲、教科书、学生的需要进行的。

第二,教师的指导作用,发生在课内或课外,特别是课内教师通过系统的讲授、提问、谈话等与全体学生进行有效的交往,确保共同的学习活动能顺利进行;课余时间还会通过谈话、批改作业、参与学生活动等方式指导学生的共同活动。

第三,学生的主体作用,学生通过共同活动发展他们的能力,培养他们优秀的个性品质。

第四,同学间的共同活动中绝大多数是友好的、积极的、互相学习和互相促进的,比如课堂讨论活动、课外小组活动等,当然也有可能在部分情况下,由于争夺某些东西,或者教师在处理学生之间、师生之间的矛盾时缺乏一些教育机智,产生冲

---

[1]《马克思恩格斯全集》第三卷,人民出版社1962年版,第84页。

突甚至敌对,但一般来说也不会长久,而且比较容易化解。

第五,在共同活动中大多是非角色性的交往,即交往者之间不代表某种社会角色,因而学校的共同活动都比较民主、宽松、不拘形式,这样可以发挥着每个成员的积极性和创造性。

(三)不同年龄学生的共同活动的特点

小学生的共同活动特点。由于小学生的自我意识还不够强,因此在共同活动当中容易受到成人的影响。首先,小学生对教师的依赖性比较大,比如其共同活动的目的、任务、结构基本都是由老师来制定;其次,学生彼此间的相互作用是按照现成的制度来进行的,学生很少提出不同的建议;另外,共同活动的集体形式不多,被局限在比较小的范围。因此,考虑到小学生的这些特点,我们应该从小学二、三年级就培养学生的自主能力,在共同活动的目标制定、过程设计及评价当中,尽量放手让学生去完成,尽量做到"教师当好导演,把舞台留给学生"。

少年期的共同活动的特点。少年期是个性化的过程日益占优势的时期,此时期的学生们力图挣脱成人的束缚而获得独立、自主,他们很重视自己在同辈群体当中的地位,努力在同龄人中去寻求友谊,因此他们愿意积极参加共同活动,并且在其中表现自己的个性和能力。在正确的教育和引导下,少年会想出很多很好的点子,把活动搞得丰富多彩且颇具新意。

青年早期的共同活动的特点。此时期,学生们的自我意识水平提高,逻辑思维、创造思维发展快速,分析问题、解决问题的能力也在快速进步,人际关系也在不断分化,志同道合的同学结成亲密的友谊关系。青年早期在活动中充分表现出自主性、独立性和创造性,教师可以放手,任由他们去组织各种共同活动,但也可以提出合理的建议。比如我们上大学的时候,每个学院都可以自发组建自己的羽毛球队,由队员选出队长,然后队长领导大家制定培训计划,可参加学校的比赛,或跟其他学院进行联谊赛。学院的教师基本没有参与活动,只偶尔来决赛现场助威呐喊。或许同学们毕业十多年了,最记得的还是当年一起打羽毛球。

(四)共同活动的社会心理基础

班集体的共同活动,最多的是课堂上的共同活动,此外,还有共同的游戏活动和劳动活动。传统的班集体建设模式,把课堂上的共同活动排除在班集体的活动之外,只在课外有限的时间里搞班集体建设的活动,这叫"捡了芝麻丢了西瓜"。学生于教学过程中不仅可以掌握知识、发展智力,还可以通过知识的学习培养良好的个性。因此,学生通过共同活动掌握知识、发展个性、协调人际关系。

要成功组织学生进行共同活动,必须以学生的需要为心理依据,要为学生安排满意的角色来调动学生的积极性,最好是形成具有竞赛心理的激励因素。成功的体验是共同活动具有吸引力的保证。

苏霍姆林斯基指出:"集体是人们复杂的精神共同体,活动是集体形成的基本条件。"班主任的教育艺术就在于把集体活动组织得对儿童具有巨大的情绪吸引力,使集体的成员个个都爱自己的集体,以集体的成绩自豪。学生于共同活动中的成功体验,会强化组织的行为动机,增强集体的凝聚力。

我们前面介绍过有一个班级在初建的时候,比较乱,学生们都不爱学习,纪律松散,讨厌班主任,因为班主任戴了一副黑边眼镜,学生们就给他取了个绰号"猫头鹰"。这个班的同学在同级学生当中相对来说个子比较高,因为不少都是留级生,新来的班主任注意到这一点,充分利用了少年时期独立自主和对威望及尊重的需要这一心理特点,鼓励学生们直面挫折,要把失败的压力转化为前进的动力,他发动学生们讨论"我们哪些地方不如别人"、"我们有哪些有利的条件"等,然后组织全班去野炊(全校还没有其他班级组织过这样的活动),吃顿"争气饭"来"改换门庭"。这次野炊集体活动的成功体验使他们开始转变,别的班也来打听他们是怎样活动的,他们感到非常自豪,成功的体验鼓舞着学生们,在大家共同的努力下,班集体的建设有了很大的进步,终于成为一个良好的班集体。

班集体建设的生长点在哪里?就是要占领课堂,即要在课堂教学上做出成绩。课堂教学的优化,会大大地加速班集体的建成。如上所述,大量的有效的共同学习活动会促进班集体成员的目标一致性和集体情绪认同等班集体的社会心理特点的发展。

此外,浙江大学心理学的知名教授龚浩然与黄秀兰,基于维果茨基的三主体教育理念、现代社会心理学中有关群体与个性的深入理论,以及俄罗斯杰出心理学家彼得罗夫斯基(A. B. IerpoBCKHǔ)关于集体心理学的独到见解,自1983年起,在无锡、杭州、温州龙港等多个地区启动了关于学校班集体建设的自然实验研究项目。这些项目不仅被纳入全国教育科学研究的"七五规划"重点项目及"八五规划"项目,还取得了显著的学术与实践成果。

在项目的研究总结中,他们对课堂的空间布局、小组集体教学模式以及学生成绩评估体系等多个维度进行了全面而深入的探索。鉴于本书篇幅所限,无法详尽展开这些丰富的研究成果。对此类研究感兴趣的读者,我们诚挚推荐查阅《班集体建设与学生的个性发展》及《维果茨基科学心理学思想在中国》等著作,以获取更为详尽的信息与深刻的洞见。

❖ 本章思考练习

1. 课堂纪律问题严重,师生关系紧张,学生随心所欲,时常打断教师的正常课堂教学,教师不得不停下来维持课堂纪律。这种心理气氛是(　　)。

  A. 积极的课堂气氛　　　　　　　　B. 消极的课堂气氛

C. 对抗的课堂气氛　　　　　　　　D. 紧张的课堂气氛

来源：《课堂管理》（江西）。

2. （多选题）课堂氛围的主要类型包括(　　)。
A. 积极的课堂氛围　　　　　　　　B. 消极的课堂氛围
C. 斗争的课堂氛围　　　　　　　　D. 对抗的课堂氛围

来源：《课堂管理》（江西）。

3. 学生在课堂中纪律良好，注意力高度集中，思维活跃。这种课堂气氛是(　　)。
A. 消极的课堂气氛　　　　　　　　B. 对抗的课堂气氛
C. 失控的课堂气氛　　　　　　　　D. 积极的课堂气氛

来源：《课堂管理》（江西）。

4. 学生在课堂中一般采取应付态度，很少主动发言，害怕上课。这种课堂气氛是(　　)。
A. 消极的课堂气氛　　　　　　　　B. 对抗的课堂气氛
C. 失控的课堂气氛　　　　　　　　D. 积极的课堂气氛

来源：《课堂管理》（江西）。

5. 某中学初中一、二班班主任王老师在新生入校后初步拟定班级的课堂规则，并通过民主讨论的方式使学生参与课堂规则的建立，用清晰的语言把课堂规则表述出来，还在主题班会上将课堂规则传递给学生，让学生明确课堂规则的具体内容及意义，以便严格按照规则执行。这体现出王老师在课堂管理上采用了(　　)。
A. 课堂行为管理策略　　　　　　　B. 预防性的课堂管理策略
C. 课堂管理制度策略　　　　　　　D. 建设性的课堂管理策略

来源：2018年山东省教综教师招聘通用版，2019年陕西省渭南市教综教师招聘考试。

6. （判断题）班集体的建设是由教师教育出来的，而不是在共同活动交往中形成和发展的。　　　　　　　　　　　　　　　　　　　　　　　　　(　　)

来源：2021年辽宁省抚顺市清原县教师招聘考试。

7. 群体是指人们以一定方式的共同活动为基础而结合起来的联合体，一般来说，群体发展的最高阶段是(　　)。
A. 联合群体　　　B. 正式群体　　　C. 松散群体　　　D. 集体

来源：《班集体建设与学生个性发展》。

8. （多选题）建立良好的班集体的策略是(　　)。
A. 确立班集体的发展目标
B. 建立班集体的核心队伍

C. 组织形式多样的教育活动

D. 培养正确的舆论和良好的班风

E. 建立班集体的正常秩序

来源:2017年江苏省徐州市沛县教师招聘。

9. (多选题)下列关于班集体的概念说法正确的是(　　)。

A. 班集体就是班群体

B. 班集体是班群体发展的高级阶段

C. 纪律松弛、涣散的群体算不了集体

D. 不是任何一个班都能称得上班集体

来源:班集体的管理与建设(江西)。

参考答案

1. C

解析:本题考查课堂气氛的类型。课堂气氛的类型包括:积极的课堂气氛、消极的课堂气氛与对抗的课堂气氛。A选项:积极的课堂气氛是恬静与活跃、热烈与深沉、宽松与严格的有机统一。表现为课堂纪律良好,学生注意力高度集中,思维活跃,课堂发言踊跃。师生关系融洽,配合默契。不符合题意,排除。B选项:消极的课堂气氛常常以学生的紧张拘谨、心不在焉、反应迟钝为基本特征。在课堂学习过程中,学生情绪压抑、无精打采、注意力分散、小动作多,学生很少主动发言,有的甚至会打瞌睡。不符合题意,排除。C选项:对抗的课堂气氛实质上是一种失控的课堂气氛。学生在课堂学习过程中,各行其是,教师有时不得不停止讲课来维持秩序。符合题意。D选项为干扰项。综上所述,本题选C。

2. ABD

解析:本题考查的是课堂气氛的类型。课堂气氛是一种综合的心理状态,它包括知觉、注意、思维、情绪、意志及定势等状态,主要类型包括积极的课堂气氛、消极的课堂气氛和对抗的课堂气氛。ABD选项正确。

3. D

解析:本题考查课堂气氛。积极的课堂气氛是恬静与活跃、热烈与深沉、宽松与严格的有机统一。表现为课堂纪律良好,学生注意力高度集中,思维活跃,课堂发言踊跃。在热烈的课堂气氛中,学生保持冷静的头脑,注意听取同学的发言,紧张又深刻地思考。师生关系融洽,配合默契,课堂里听不见教师的呵斥,有的是教师适时的提醒、恰当的点拨、积极的引导。课堂气氛宽松而不涣散,严谨而不紧张。D项正确。

4. A

解析:本题考查课堂气氛。消极的课堂气氛常常以学生的紧张拘谨、心不在焉、反应迟钝为基本特征。在课堂学习的过程中,学生情绪压抑、无精打采、注意力分散、小动作多,有的甚至会打瞌睡。对教师所提的要求,学生一般采取应付态度,很少主动发言。有时,学生害怕上课,或提心吊胆地上课。A项正确。

5. B

解析:本题考查对预防性的课堂管理策略的认识。实践证明,最有效的课堂管理者是那些能够首先防止问题产生的人。常见的预防性的课堂管理策略包括:(1)建立自然和心理环境;(2)建立课堂规则。题干中,王老师在新生入校后初步拟定班级的课堂规则,并通过民主讨论的方式使学生参与课堂规则的建立,还在主题班会上将课堂规则传达给学生,让学生明确课堂规则的具体内容及意义,这属于预防性的课堂管理策略。B选项正确。A选项:课堂行为管理策略主要包括(1)运用先行控制策略,事先预防问题行为,包括明确的行为标准、建设性的课堂环境、良好的教学策划、和谐的师生关系;(2)运用建设性的课堂环境;(3)运用行为矫正策略,有效转变问题行为。与题干不符,排除。C选项:教学活动一般是通过课堂管理制度来开展的,保证教学活动秩序的课堂管理制度策略要充分体现以人为本的理念,要以教师发展和学生成长为本,从而解决教师的"教"与学生的"学"之间的不一致问题。与题干不符,排除。D选项:建设性的课堂管理策略是指教师为了保证课堂教学的秩序和效益,协调课堂中人与事、时间与空间等各种因素及其关系的过程。具有建设性的课堂管理策略能够帮助学生改变其错误目标,引发学生新的建设性行为。与题干不符,排除。因此,本题选B。

6. 错误。

解析:班集体的建设是在教师指导下,在共同活动交往中形成和发展的。

7. D

解析:本题考查群体的类型。集体是群体发展的最高阶段,是为实现有公益价值的社会目标,严密组织起来的有纪律、有心理凝聚力的群体。根据题意,D选项正确。A选项:联合群体的成员已有共同活动的目的,但活动还只具有个人的意义。排除。B选项:正式群体是指在校行政部门、班主任或社会团体的领导下,按一定章程组成的学生群体,班级、小组、少先队等都属于正式群体。C选项:松散群体是指学生在空间和时间上结成群体,但成员间尚无共同活动的目的和内容。排除。

8. ABCDE

解析:本题考查的是班集体的建设。要组织和培养良好的班集体,教师要做好以下工作:(1)制定共同的奋斗目标,(2)选拔和培养学生干部,(3)建立班集体的正常秩序,(4)形成正确的集体舆论和良好的班风,(5)组织形式多样的教育活动。

9. BCD

解析:本题考查班集体的管理与建设。班集体不是一群孩子的偶然汇合,而是按一定的教育目的、教学计划和教育要求组织起来的学生群体。但是一个班的学生群体还不能称为真正的班集体,因为由班群体发展成为班集体有一个培养与提高的过程,班集体是班群体发展的高级阶段。A 选项为干扰项,不符合题意,排除。综上所述,本题选 BCD。

第六章 维果茨基最近发展区在我国40年来的研究现状及发展态势前瞻[1]

最近发展区理论,作为维果茨基教育心理学领域中的标志性贡献,已在全球范围内引发了广泛的研究兴趣,我国学术界亦对此展开了深入的探讨。本文依托CNKI数据库,系统梳理了1983年至2023年间关于最近发展区理论的文献,运用文献计量统计学方法,剖析了四十年来该领域的研究情况,涵盖文献总量、学科交叉情况、主题聚焦点、作者群体特征、研究机构分布、基金资助概况以及文献的下载量与被引频次等多个方面。从数量维度审视,最近发展区理论在我国的研究热度持续攀升,具有阶段性特征,可以划分为萌芽阶段(1983—2003)、快速发展阶段(2004—2013)、繁荣阶段(2014至今)。从内容层面剖析,实践应用类研究成果占据主导地位,但理论深度的挖掘尚显不足。在研究主体方面,学校教师为研究主力军,但尚未凝聚成具有影响力的核心研究团队。从质量视角出发,核心期刊刊载率比例较低,论文整体质量需进一步加强。展望未来,该理论的发展需从几方面着力:一是深化维果茨基理论的研究根基,揭示最近发展区理论与高级心理机能、内化理论、工具理论的深层次逻辑;二是强化实践创新能力,积极争取科研项目支持,开展实证研究,推动理论与实践的深度融合,产出高质量的研究成果;三是拓宽国际视野,借鉴国际研究的先进经验,优化我国教育实践。

一、引言

维果茨基(1896—1934)是全世界公认的伟大心理学家,全世界第一个以马克思主义思想来建设心理学,创建了社会文化历史学派,注重社会文化历史对个体心理发展的影响。最近发展区作为维果茨基最广为人知的理论,得到了心理学理论工作者以及教育教学实践工作者的一致认可。改革开放以来,我国学者开始引介维果茨基的最近发展区理论,历经40余年,最近发展区在我国的研究情况具体如何呢?梳理近40年来我国学者对最近发展区的研究全貌,不仅有助于总结过去的

---

[1] 本章基于CNKI1983—2023年的文献数据分析。

研究成果和经验以期对未来的研究方向提出建设性的意见,更对推动高质量教育发展具有重要的现实意义。

2024年10月20—22日,笔者在CNKI中文以篇名为"最近发展区"且限定时间为1978年至2023年12月31日搜索论文,共搜索到1158篇文献,其中学术期刊411,硕士学位论文81篇,特色期刊641篇,会议17篇,学术辑刊6篇,报纸1篇,成果1篇。1983年第一篇最近发展区的论文《试论"最近发展区"的理论与辅导阅读工作的关系》发表至2023年年底恰为40年。为全面整体把握,收集到的数据包括所有期刊(学术期刊及特色期刊)、学位论文以及会议论文均纳入分析。

二、研究现状剖析

1. 文献总量

● 数据来源: 文献总数: 1158 篇; 检索条件: (篇名: 最近发展区(精确)); 检索范围: 总库

总体趋势分析

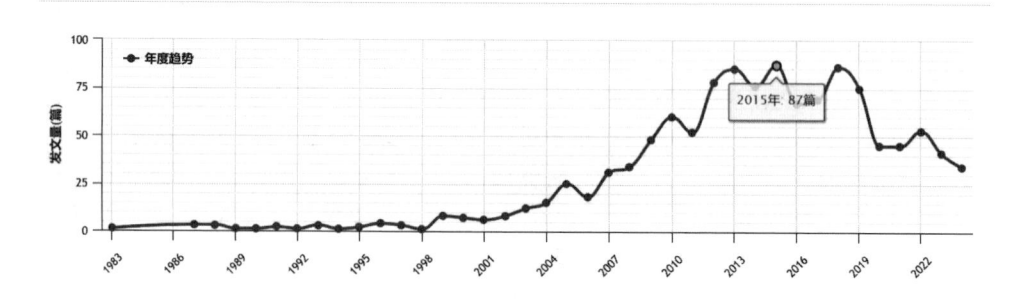

图6-1 1983—2023年题含"最近发展区"的文献年度发表趋势

如图6-1,1983年,CNKI发表第一篇以最近发展区为题的论文《试论最近发展区的理论与辅导阅读工作的关系》,在随后的1984年至1986年间未发表以最近发展发区为篇名的文献。1987—1998年,关于最近发展区理论的文献陆续发表但数量有限,以一两篇为主,研究者们开始初步探索该理论在我国教育实践中的应用与启示。2002年,研究文献数量出现了首次显著增长,达到了8篇。此后,研究文献数量不断攀升,呈现出逐年增长的趋势。2005年,研究文献数量首次突破了20篇,达到了25篇,进一步显示了该领域研究的快速发展。2013年,研究文献数量达到了85篇。2015年,研究文献数量达到目前最高峰,有87篇文献发表,充分展示了最近发展区的广泛关注和深入研究。值得注意的是,2018年,研究文献数量再次达到了86篇的高水平,表明对该领域的研究仍然保持着强劲的发展势头。2023年,尽管距离峰值有所回落,但仍有41篇文献发表,显示最近发展区有着较强的持续性和稳定性。

2. 学科分布

根据发表文献数据的统计分析(图 6-2),最近发展区研究聚焦于中等教育领域,具体涵盖了初中阶段、高中阶段以及中等职业教育等,其占比高达 45.4%,这一数据凸显了最近发展区在中等教育实践中的广泛应用性。

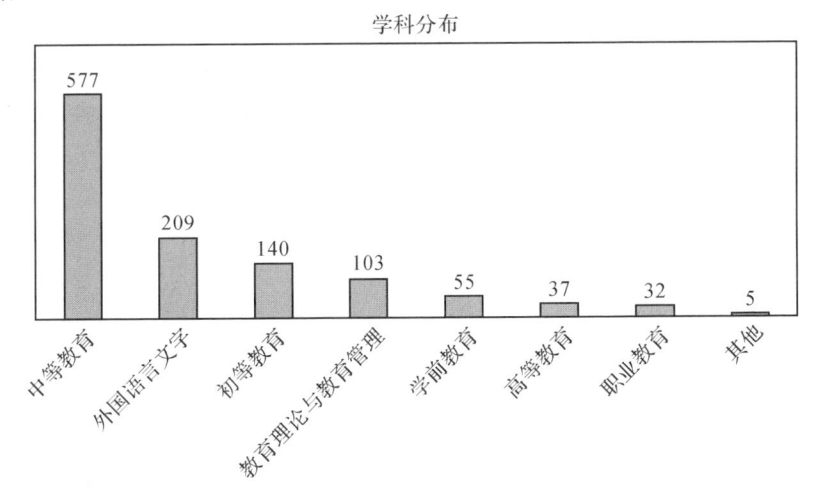

学科分布

学科	数量
中等教育	577
外国语言文字	209
初等教育	140
教育理论与教育管理	103
学前教育	55
高等教育	37
职业教育	32
其他	5

图 6-2 1983—2023 年题含"最近发展区"的文献在不同学科的分布

此外,外国语言文字、初等教育、教育理论与教育管理、学前教育以及高等教育等领域也对维果茨基的最近发展区理论进行了深入的研究。具体而言,外国语言文字领域的研究占比为 16.44%,初等教育领域的研究占 11.01%,教育理论与教育管理领域占 11.01%,学前教育领域占 8.1%,而高等教育领域虽然占比相对较少,但也展现出对该理论一定的关注与研究。

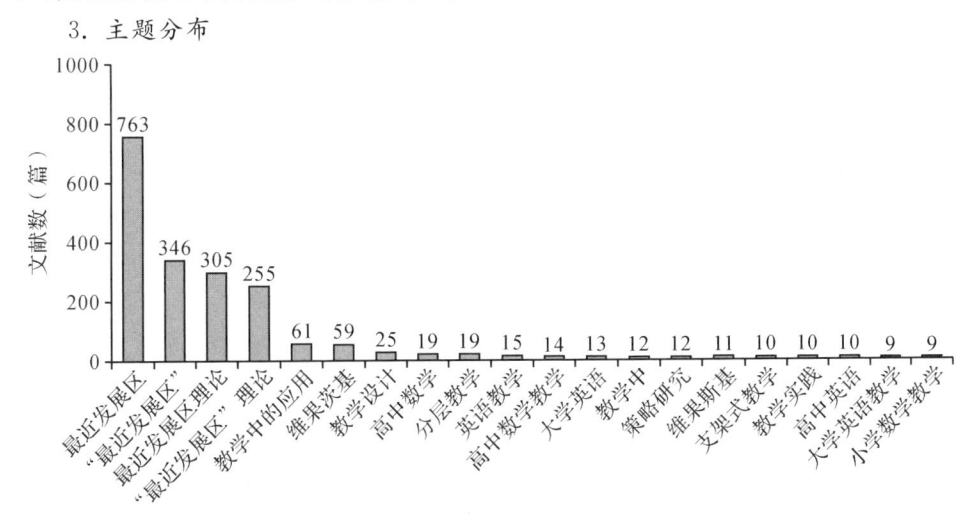

3. 主题分布

主题	文献数(篇)
最近发展区	763
"最近发展区"	346
最近发展区理论	305
理论	255
教学中的应用	61
维果茨基	59
教学设计	25
高中数学	19
分层教学	19
英语教学	15
高中数学教学	14
大学英语	13
教学中	12
策略研究	12
维果斯基	11
支架式教学	10
教学实践	10
高中英语	10
大学英语教学	9
小学数学教学	9

图 6-3 1983—2023 年题含"最近发展区"的文献的主题分布

如图6-3,文献主题的分布情况直观揭示了与维果茨基(或维果斯基)最近发展区理论紧密交织的研究焦点。这些主题覆盖了教学中的实际应用领域,特别是聚焦于教学实践与教学策略的探讨。同时,教学设计亦是研究的重点之一,高中数学(含高中数学教学)作为教学领域的一个重要分支。此外,研究者还探讨了分层教学策略、英语教学实践(含大学英语与高中英语)以及支架式教学模式等主题。这些研究主题不仅凸显了研究者们的主要研究聚焦点,而且进一步揭示了该理论在推动教学模式创新、优化教学设计、实施分层教学以及探索支架式教学等实践性研究方面所发挥的重要理论基石作用。

4. 作者分布

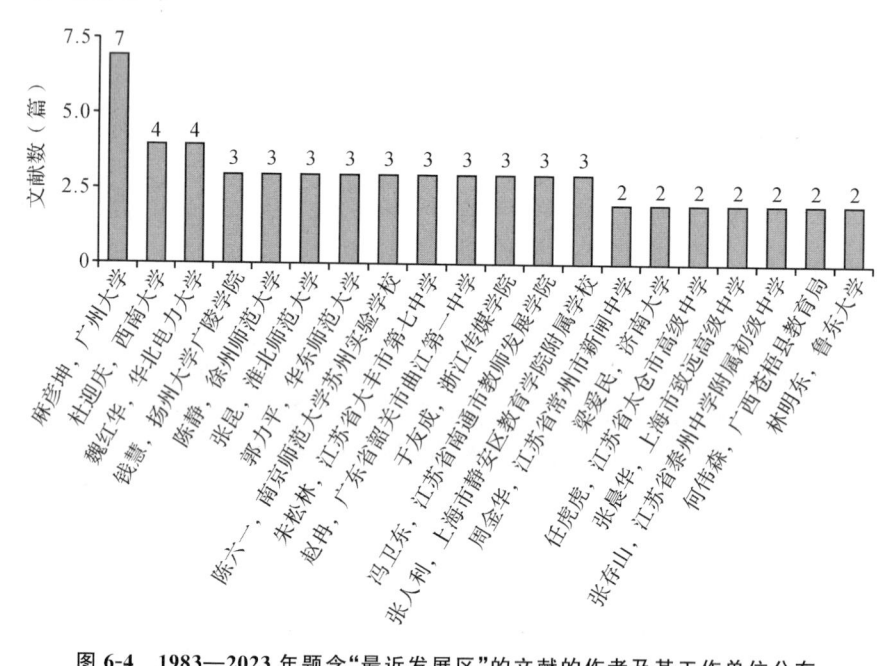

图6-4 1983—2023年题含"最近发展区"的文献的作者及其工作单位分布

经统计分析该研究领域内作者发文数量的分布情况(图6-4),麻燕坤以7篇发文量位居榜首,成为该领域最为活跃的学者之一。紧随其后的是西南大学的杜迎庆与华北电力大学的魏红华,两者各发表了4篇相关论文。然而,值得注意的是,在全体作者群体中,发文数量达到或超过3篇的作者仅有13位。这一数据揭示了当前该研究领域尚未形成一个稳定且具有显著影响力的核心作者群体。换而言之,尽管已有部分学者在该领域内进行了较为深入的研究,但整体上,该领域的研究者群体仍呈现出分散的特点,尚未形成明显的学术核心或领导力量。

5．机构分布

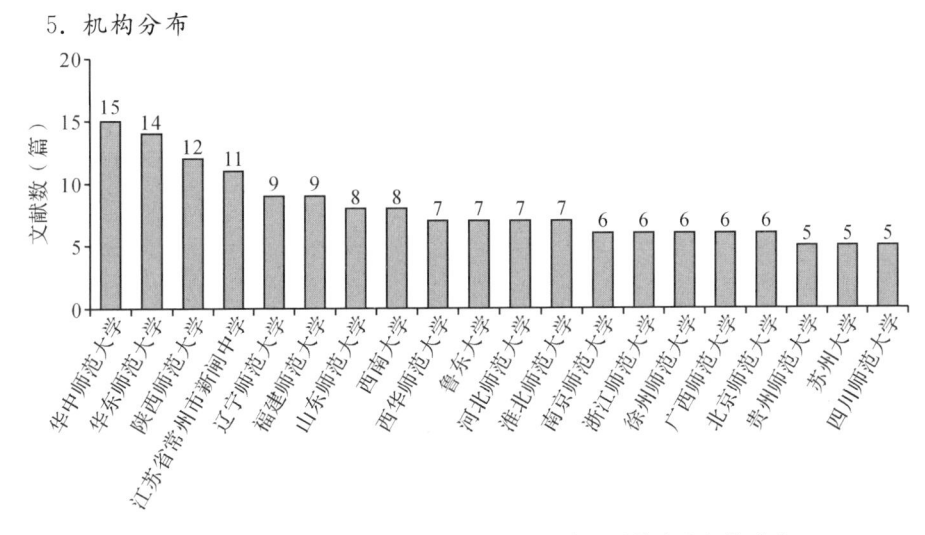

图 6-5　1983—2023 年题含"最近发展区"的文献的发文机构分布

从研究机构的角度审视，关于维果茨基最近发展区理论的研究成果主要汇聚于我国的高等教育机构之中(图 6-5)。华中师范大学、华东师范大学以及陕西师范大学的发文数量分别高达 15 篇、14 篇及 12 篇，稳居前三之列。此外，江苏常州市新闸中学发文数量达到了 11 篇，位列第四。进一步深入分析发现，在发文数量排名前 20 的研究机构中，师范院校占据了 16 席，这一数据彰显了师范院校在最近发展区理论研究领域的主导地位。这不仅反映了师范院校在教育研究领域的深厚底蕴，也体现了其对于教育理论与实践结合的重视与投入。

6．基金分布

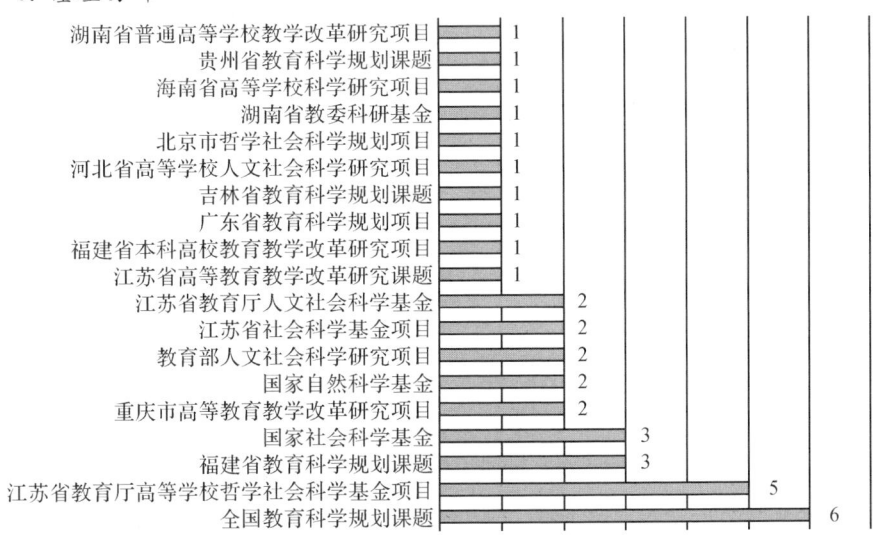

基金名称	数量
湖南省普通高等学校教学改革研究项目	1
贵州省教育科学规划课题	1
海南省高等学校科学研究项目	1
湖南省教委科研基金	1
北京市哲学社会科学规划项目	1
河北省高等学校人文社会科学研究项目	1
吉林省教育科学规划课题	1
广东省教育科学规划项目	1
福建省本科高校教育教学改革研究项目	1
江苏省高等教育教学改革研究课题	1
江苏省教育厅人文社会科学基金	2
江苏省社会科学基金项目	2
教育部人文社会科学研究项目	2
国家自然科学基金	2
重庆市高等教育教学改革研究项目	2
国家社会科学基金	3
福建省教育科学规划课题	3
江苏省教育厅高等学校哲学社会科学基金项目	5
全国教育科学规划课题	6

图 6-6　1983—2023 年题含"最近发展区"的文献发表所依托的基金分布

从基金分布的角度来看(图6-6),目前依托各类基金发表的文章共计37篇,仅占全部发文量的3.2%。全国教育科学规划课题占据了6项,江苏省教育厅高等学校哲学社会科学基金项目则有5篇文章获得支持。这表明,最近发展区论文大部分文章并未获得基金项目的资助,基金项目的支持往往能够为研究提供更为充足的资源和保障,这表明研究者在争取项目支持方面可能存在一定的困难或不足。同时,这也可能意味着该领域的整体研究水平有待提高。

7. 下载量

截至2024年10月23日,中国知网收录的1158篇(至2023年12月31日)相关文献中,有89篇文献的下载量超过千次。华东师范大学课程与教学研究所的王文静于2000年发表的《维果茨基"最近发展区"理论对我国教学改革的启示》以高达11401次的下载量稳居榜首。此外,华东师范大学钟启泉教授于2018年发表的《最近发展区:课堂转型的理论基础》下载量亦达到8582次,排名第五,这体现了华东师范大学对教育教学改革理论研究的重视与投入。

此外,中央民族大学研究生李玉馨2013年的硕士论文《维果茨基最近发展区理论对我国学前教育的启示》以及兰州大学教育学院徐美娜教授2010年发表的《最近发展区理论及对教育的影响与启示》分别位列第二、四位,下载量均超过九千次(图6-7)。这四篇高下载量的文献均聚焦于维果茨基"最近发展区"理论对我国教育教学改革的启示,从理论层面为我国教育事业的持续发展提供了坚实的理论基础。

	题名	作者	来源	发表时间	数据库	被引	下载
□1	维果茨基"最近发展区"理论对我国教学改革的启示	王文静	心理学探新	2000-06-30	期刊	794	11401
□2	维果茨基最近发展区理论对我国学前教育的启示	李玉馨	中央民族大学	2013-05-01	硕士	155	9518
□3	"最近发展区"理论及对教育的影响与启示	徐美娜	教育与教学研究	2010-05-20	期刊	560	9452
□4	维果茨基最近发展区思想的当代发展	麻彦坤,叶浩生	心理发展与教育	2004-06-30	期刊	603	9139
□5	最近发展区:课堂转型的理论基础	钟启泉	全球教育展望	2018-01-10	期刊	394	8582

图6-7 1983—2023年题含"最近发展区"下载量前五的论文

8. 被引频次

截至2024年10月23日,中国知网收录的1158篇相关文献中,仅有15篇文献的被引率突破百次大关。华东师范大学课程与教学研究所王文静于2000年发表的《维果茨基"最近发展区"理论对我国教学改革的启示》以794次的被引次数傲居榜首;紧随其后的是南京师范大学麻彦坤、叶浩生的《维果茨基最近发展区思想的当代发展》,以603次位列第二。值得注意的是,王文静、徐美娜、麻彦坤及钟启泉，其文献在被引次数与下载量上均位居前四(图6-8)。

在被引前五的文章中，有四篇聚焦于维果茨基最近发展区理论的教育教学启示、应用研究及课堂转型的理论基础，这表明该理论已成为推动教育教学改革与发展的重要理论支撑。

	题名	作者	来源	发表时间	数据库	被引	下载
□1	维果茨基"最近发展区"理论对我国教学改革的启示	王文静	心理学探新	2000-06-30	期刊	794	11401
□2	维果茨基最近发展区思想的当代发展	麻彦坤,叶浩生	心理发展与教育	2004-06-30	期刊	603	9139
□3	"最近发展区"理论及对教育的影响与启示	徐美娜	教育与教学研究	2010-05-20	期刊	560	9452
□4	维果茨基最近发展区理论及其应用研究	王颖	山东社会科学	2013-12-05	期刊	473	7874
□5	最近发展区:课堂转型的理论基础	钟启泉	全球教育展望	2018-01-10	期刊	394	8582

图6-8 1983—2023年题含"最近发展区"被引次数前五的论文

三、研究现状评述

基于上述数据化分析，近40年来维果茨基最近发展区理论的研究在我国的发展状况，从整体视角审视，呈现出以下几个显著特征。

1. 从研究数量维度审视，研究热度持续升温，获得广泛关注

在过去的40年间，学术界对最近发展区的探讨持续升温，累计发表了1158篇相关文献，其中2013年、2015年及2018年分别为85篇、87篇及86篇，这数据表明广大学者对最近发展区的普遍关注与广泛研究。

整体来看，自1983年首篇文献问世以来，最近发展区的研究历程展现出了鲜明的阶段性特征。曾有学者党韦强(2018年)在其研究中，对2015年之前关于最近发展区的文献数量进行了细致的梳理，并将该领域的研究划分为三个阶段：从维果茨基酝酿(1931年)至产生最近发展区理论直至1998年视为萌芽阶段，1999年至2008年为起步阶段，而自2009年起则被视为长足发展阶段。然而，在深入审视这一划分后，笔者认为有必要进行一定的调整。党韦强的划分虽然全面涵盖了最近发展区理论的历史发展脉络，但在针对我国学者对该理论的研究情况进行分析时，将维果茨基本人酝酿及理论产生的阶段也纳入其中，显然不够贴切。

因此，本文依据CNKI数据库中我国学者对维果茨基最近发展区理论的研究成果，将其发展历程细分为以下三个阶段：1983—2003年为研究的萌芽阶段；2004—2013年步入快速发展阶段；2014年至今为繁荣阶段。

值得注意的是，自2020年以来，该领域内的硕士学位论文呈现出逐年增长的趋势(图6-9)。2020年、2021年、2022年及2023年分别发表了7篇、6篇、12篇和

5篇有关最近发展区的硕士学位论文,这反映出学者们对最近发展区理论在具体学科中的应用的重视程度不断提升。这些硕士学位论文通过采用准实验等科学方法,深入探究了最近发展区理论的实践效果,并在此基础上提出了诸多具有针对性的改进策略,为该理论的进一步发展和完善提供了有力的支持。

数据来源: 文献总数: 83 篇; 检索条件: (题名: 最近发展区(精确)); 检索范围: 学位论文

总体趋势分析

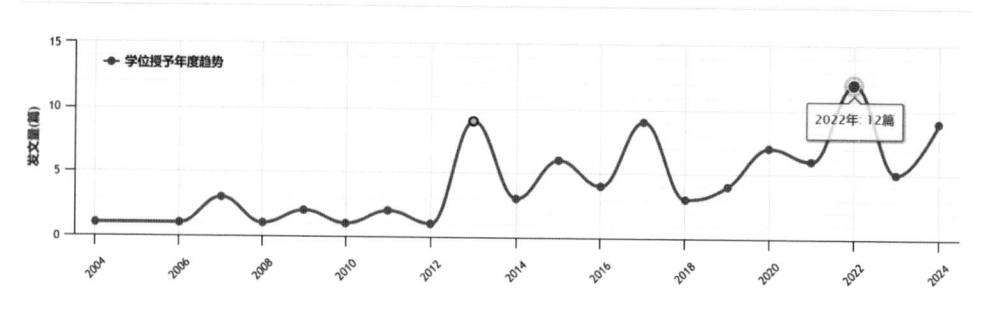

图 6-9　1983—2023 年题含"最近发展区"的学位论文发表趋势

2. 从研究内容层面剖析,实践应用类占主流,理论挖掘尚显不足

从数量上来分析,为探究其学术倾向与内容构成,我们将下载量位居前 100 的文献细分为两大类别:一类侧重于理论解释、解读以及对教育教学的启示,共计 39 篇,此归为理论研究范畴;另一类则聚焦于英语、数学、化学等特定学科或领域的具体应用实践,共计 61 篇,归为实践类研究。进一步考虑下载量排名 100 之后的文献,其主要为应用研究,若将其纳入统计范畴,预计理论研究的整体占比将显著下降至不足 0.1。这一比例清晰地揭示了最近发展区理论的应用类论文占据主导地位,而针对该理论的深入探索与理论构建则显得相对匮乏。

首先,从实践应用的角度审视,研究焦点主要集中于"最近发展区"理论在教育教学实践中的广泛应用。该理论为分层教育(涵盖分层作业设计)提供了坚实的理论基础,如毛娜基于学生"最近发展区"的分层作业设计研究,还进一步引申出支架式教学模式、合作教学模式及同伴协作教学模式等多种教学模式,如申亚琳对支架理论的理解及应用——双梯度模式的探讨。

在教育实践领域,该理论在初中英语、高中英语及大学英语教学中得到了广泛利用,如李嘉男等人的《最近发展区理论在高中英语教学中的应用研究》。同时,该理论也渗透至语文、数学、物理、化学等基础学科的教学实践中,如杭周强以《超重和失重》教学为例,深入剖析了"最近发展区"理论在高中物理教学中的完美体现。此外,部分学者还将该理论拓展至职业教育领域,如丁洁等人的《最近发展区视域下高职院校分层教学的创新路径研究》,以及孙杨等人关于《最近发展区理论在中职汽修教学中的应用》,均展现了该理论的广泛适用性。

其中,张铎等人的《"最近发展区"理论在俄语教学中的实践研究》,具有典型的代表意义。该研究深入剖析了最近发展区理论及其支架式教学模式的内涵,并将其成功应用于俄语学习中,经过一年半的教学实践,学生普遍反馈对俄语学习产生了更浓厚的兴趣,且俄语成绩显著提升。这一研究成果不仅为俄语教学提供了新的思路与方法,也为其他语言教学提供了有益的借鉴。

综上,众多一线教师在各学科、各专业、各层次上对"最近发展区"理论的普遍研究与广泛应用,不仅丰富了"最近发展区"理论的应用场景,也进一步验证了该理论强大的生命力与实践性。然而,尽管研究成果丰硕,但整体而言,这些研究仍多停留于浅层次探讨,缺乏深度思考与理论创新。

其次,理论研究类文献主要聚焦于维果茨基的教育思想对我国教育教学实践的启示,特别是其支架式教学模式、协作教学模式、动态评价理念、精准教学策略以及新型因材施教观念等方面。如郑倩云等人《"最近发展区"理论对我国幼儿评价的启示》以及徐美娜的《"最近发展区"理论及对教育的影响与启示》等。

然而,这些研究大多局限于对维果茨基"最近发展区"理论的探讨,往往就理论本身展开论述,而未能充分挖掘其背后的深层意蕴。尽管有少数文献,如李玉馨关于维果茨基最近发展区理论对我国学前教育启示的研究,提及了与"最近发展区"紧密相关的"学习最佳区"概念,但整体上,对该领域的探索仍显不足。

事实上,维果茨基的"最近发展区"理论并非孤立存在,而是根植于其更为宏大的理论体系之中。该理论是在1930年代初,基于对高级心理机能发展、中介理论、符号理论以及活动理论的深入研究而提出的。进一步追溯,我们可以发现,"最近发展区"背后的理论支撑是维果茨基的社会文化历史理论,这一理论强调了个体发展与社会文化环境的紧密联系。而更为根本的是,维果茨基作为一位坚定的马克思主义者,他运用马克思主义的辩证唯物主义观点对传统心理学进行了深刻的改造,以辩证、动态、发展的视角来审视教学与发展的问题。

在这一视角下,学生的发展被视为一个不断变化的动态过程,而教学的根本目的则在于促进儿童的全面发展。因此,对于维果茨基教育思想的研究,我们不应仅仅局限于"最近发展区"这一具体理论,而应将其置于更为广阔的理论背景之下,以全面、深入地理解其教育思想的精髓与内涵。

再者,从已发表文章的参考文献来看,下载量排名前十的文章,参考、引用最多的中文著作为余震球翻译的《维果茨基教育论著选》(人民教育出版社1994、2005年版),被5篇文章引用;其次是浙江大学龚浩然教授的《维果茨基儿童心理与教育论著选》(杭州大学出版社1999年版),被2篇文章引用。前10篇文章引用最多的作者为龚浩然教授,其出版的著作除《维果茨基儿童心理与教育论著选》,还有《教育心理学》(译著,浙江教育出版社2003年版)、《维果茨基科学心理学思想在中国》(龚浩然、黄秀兰主编,黑龙江人民出版社2004年版)、《维果茨基及其对现代心理学的贡献:从纪念维果茨基诞辰100周年国际会议说起》(《心理发展与教育》1997年第4期)。整体上来看,参考文献为著作的较少,主要是一两本书加期刊,这充分说明理论研究的深度挖掘不够。

3. 从研究主体方面来看,学校教师为主力军,暂未形成核心研究团队

发文的主力军主要涵盖一线教育工作者,包括幼儿园教师、小学至高中各学科的任课教师、大学英语教师以及师范教育领域的教师。笔者检索的80篇硕士学位论文中,第一篇代表性作品为2004年辽宁师范大学的刘薇所著的《发挥教师的中介作用以助力学生跨越最近发展区》。此后,该领域的学位论文数量逐年稳步增长,至2013年达到9篇,2022年更是达到12篇。

进一步分析硕士学位论文的发表机构,华中师范大学以10篇的显著数量位居榜首,山东师范大学和华东师范大学则分别以5篇和4篇紧随其后,位列前三。

从作者群体的整体视角审视,如前文所述,发文数量最为突出的是来自广州大学的麻彦坤教授,共计贡献7篇研究论文。紧随其后的是西南大学的杜迎庆与华北电力大学的魏红华,两者均以4篇的研究成果并列次席。此外,还有钱慧、陈静、张昆、郭力平、陈六一、朱松林、赵冉、于友成、冯卫东、张人利等十位学者,各自发表了3篇相关论文,总计达到10人。值得注意的是,这13位高产作者分布于不同的高等教育机构,这一现象揭示了维果茨基最近发展区研究领域内缺乏持续深耕的领军人物及稳定的核心研究团队。

4. 从研究质量视角出发,核心期刊刊载比例不足,论文质量有待提高

1158篇文献,北京大学核心期刊收录了92篇,占比为7.9%;而中文社会科学引文索引核心期刊(CSSCI)仅收录了39篇,占比为3.3%。这从一定程度上揭示了该领域文献的整体质量分布特征(图6-10)。

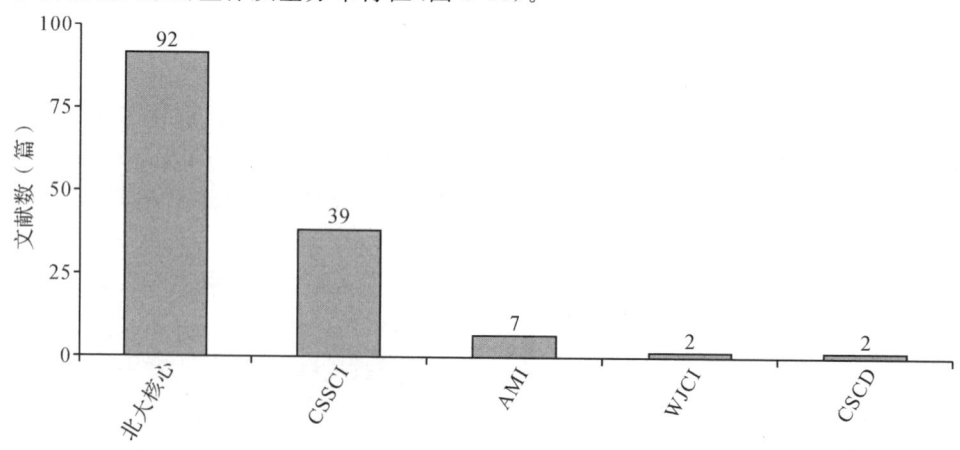

图6-10　1983—2023年题含"最近发展区"的论文于核心期刊的刊载数量分布

核心期刊作为学术界的权威代表,对收录文章的学术质量、创新性、研究深度

等方面均有着极为严格的要求。然而,从本次统计结果来看,"最近发展区"理论的文章在核心期刊中的占比较低,这可能意味着这些文章在学术质量、创新性、研究深度等关键方面尚存在一定的提升空间,尚未全面达到核心期刊的发表标准。进一步分析,这种不足可能源于多个方面,包括但不限于研究方法的选择不够先进、数据收集与处理的质量不够高、分析讨论的深度不够深入,以及创新性观点或发现不够突出等。这些因素均可能对文章的学术价值和影响力产生制约,从而影响了其在核心期刊中的收录情况。因此,未来在"最近发展区"理论的研究中,应更加注重提升研究的科学性、创新性以及研究深度,以期在核心期刊中获得更多的认可和发表机会。

四、发展态势前瞻

1. 深化维果茨基理论研究,挖掘最近发展理论的深层逻辑

维果茨基,堪称心理学的巨人,在现代心理学科学中享有崇高的地位,国际心理学界公认他是"心理学界的莫扎特"。1927 年,维果茨基撰写的十多万字专著《心理学危机的历史内涵》中,用马克思主义的科学观点深刻而全面地说明了心理学危机的表现及其产生危机的原因与克服危机的途径,他是历史上第一个用历史唯物主义的原则研究心理学的各种问题的人。1930—1931 年维果茨基撰写了《高级心理机能的发展》一书,这是他创立社会文化历史发展理论的最主要代表作。维果茨基有关教育心理学方面的著作达 40 余万字。

最近发展区理论是维果茨基利用马克思辩证唯物主义、历史唯物主义在批判传统心理学基础之上,融合了人类心理如何"人化"的高级心理机能的发展、活动理论、工具理论、内化理论,而产生的对教学与发展关系的深刻认识。

鉴于此,深化探索维果茨基的社会文化历史理论、高级心理机能发展理论及教育心理学思想显得尤为重要。最近发展区的目标是促进儿童的发展,而这种发展是高级心理机能的发展,最终促进儿童个性的发展,并不是掌握了某个具体的知识或某项具体的技能。最近发展区的核心理念深深植根于马克思的发展观之中,它展现了一种动态且持续向前的特性。这一观念强调了发展的不断演进和进步,与马克思关于事物不断变化和发展的理论不谋而合。

我们应当秉持一种整体性视角来探究最近发展区理论,明确认识到其发展本质并非孤立存在,而是深深植根于群体交往与教学互动之中,通过人际间的社会交往不断实现内化,进而驱动个体的进步与发展。维果茨基深刻洞察到,教学本质上是一个以课堂为主渠道的交往过程,其中教师与儿童、儿童与儿童之间交织形成复杂的人际关系网络,这一网络实质上构成了一个特定的社会环境。

维果茨基强调,社会环境是教育教学活动得以有效实施的真正杠杆,它对于儿

童的发展具有不可估量的影响。在这一框架内,他尤为重视班集体作为儿童成长最为关键的环境因素,视其为儿童心智与社会性发展的摇篮。因此,对于教育理论研究者与实践工作者而言,务必深刻认识到班集体建设的重要性,将其视为促进儿童全面发展的重要基石。通过精心构建和优化班集体环境,我们可以为儿童提供更加丰富多元的学习与发展资源,进而有效推动其最近发展区的不断拓展与深化。

此外,维果茨基还提出了学习最佳期,教学难度低于"最近发展区",不会促进学生的发展,显然不是在最佳教学期内的教学;教学难度高于"最近发展区",通过教学也无法达到的发展水平,显然也不是处在最佳教学时期的教学。因此,最低教学界限和最高教学界限之间的期限就是"最佳教学期"。

2. 强化实践创新力,积极争取科研项目支持,推动理实一体化

我国朱智贤教授是一位坚定的马克思主义者,他竭力主张科学心理学必须以辩证唯物主义与历史唯物主义作为方法论基础,在一次苏联心理学座谈会上,讨论关于应该向苏联心理学学习什么时,他谈了三点意见:"第一,学习马克思主义作为自身的指导思想;第二,学习理论联系实际;第三,学习对西方心理学的实事求是的态度。"[1]

苏联的心理学实验基本都是基于真实的教育环境,由心理学家、教育学家集中讨论、确定方案,再在学校中统一执行方案,这样的实验效果具有较好的神态效应。

未来,研究者要多角度深入剖析最近发展区理论。从教学目标来看,最近发展区理论强调促进幼儿的动态发展,高级心理机能的发展,个性的独特发展。在教学内容的选择上,该理论主张应紧密贴合儿童的最近发展区,确保教学既不过于简单以致缺乏挑战性,也不过于复杂而使儿童难以掌握,同时强调教学内容的个性化,做到因人而异。在教学方法上,最近发展区理论倡导协作学习与小组讨论,鼓励儿童在互动与合作中探索新知,通过集体智慧的提升来拓宽个人的最近发展区。教学实施时,该理论主张以主体为取向,尊重儿童的主体地位,让其在主动探索与实践中实现自我成长。而在教学评价方面,最近发展区理论则强调动态评估,关注儿童在学习过程中的进步与变化,而非仅仅关注最终的学习成果。

此外,最近发展区理论还深刻影响着教师的角色定位、课堂学习者的主体性发挥、学习的主动建构以及教学的本质理解。教师从知识的传授者转变为学习的引导者与支持者,课堂学习者则成为学习的主体,通过主动建构知识来实现自我发展。教学的本质也从单向的知识传授转变为师生共同探索与成长的交往过程。

在跨学科融合方面,最近发展区理论同样展现出强大的生命力。它与人工智能(AI)的结合,为个性化教学提供了新的可能,通过智能分析学生的学习数据,精

---

[1] 李娜、黄秀兰、周小丽整理:《天才心理学家维果茨基思想精要:龚浩然读书笔记(遗稿)》,浙江大学出版社 2020 年版,第 22 页。

准定位其最近发展区,从而提供更加个性化的学习支持。与创业教育的融合,则鼓励学生在实践中挑战自我,通过不断试错与反思来拓宽自己的最近发展区,培养创新思维与创业能力。而在医学研究领域,最近发展区理论也为康复训练、心理治疗等领域提供了新的视角与方法,帮助患者通过适度挑战与引导来实现身心功能的恢复与发展。

研究者需强化实践创新能力,积极争取科研项目支持,推动理论与实践一体化,深化最近发展区理论的研究。通过参与项目,采用混合研究方法,结合量化与质性分析,全面捕捉儿童在最近发展区的动态变化与个体差异。跨学科合作是关键,邀请多领域专家共同参与,为理论注入新视角。同时,构建理论与实践的反馈循环,将研究成果应用于教育实践,指导教学策略优化,并从实践中提炼新问题作为研究新方向。这一过程不仅提升研究的科学性与实用性,也为最近发展区理论的深化与拓展提供坚实基础。研究者应勇于尝试,将理论应用于多样化实践与跨学科融合,促进理论与实践的深度融合与共同发展。

3. 拓宽国际比较视野,汲取精华,优化我国教育实践策略

2024年11月15日,笔者在Web of Science平台上,以"Vygotsky"为主题,搜索到3935条相关文献;再以"zone of the proximal development"为主题进行搜索,有5110条英文文献记录;若以主题为"Vygotsky"和"zone of the proximal development"进行搜索,则有677条英文文献。这一数据充分说明维果茨基最近发展区理论在国际教育研究领域的重要地位,也预示着其在全球教育实践中的深远影响。

值得注意的是,国外学者在维果茨基理论的基础上,已进行了诸多富有创新性的探索。例如,有研究者基于最近发展区理论,提出了教师专业成长的最近发展区概念[Mark K. Warford (2011)、Hanna Kuusisaari (2014)],为教师的职业发展提供了新的视角和路径。也有学者将维果茨基最近发展区理论应用到美容美发教学、护士实践课堂培养等领域,取得不错效果[Myoung-Hae Kim & Shuai Han (2022). Lina D. Kantar, Sawsan Ezzeddine & Ursula Rizk (2020)]。此外,还有学者探讨维果茨基最近发展区与人工智能的关系[Michael T. Isaac, Mohammad Ateeq, Hadyan Hafizh, Bintao Hu & Dolapo Shodipo (2023)]。

展望未来,我国教育学界应充分利用这一国际学术资源宝库,拓宽国际比较视野,深化与海外学者的学术交流与合作。通过细致研读和分析这些文献,我们可以更加全面地了解国外在维果茨基最近发展区理论方面的最新研究成果和前沿动态,从而汲取其精华,为我国教育实践的持续优化提供有力支撑。

五、结语

综上所述,最近发展区理论作为维果茨基教育心理学的重要组成部分,在我国

近40年的研究中呈现出持续升温的趋势,吸引了广泛关注。然而,通过对CNKI研究数据的文献计量统计学分析,我们发现该领域的研究仍存在一些不足。在内容上,实践应用类论文占据主流,而深度探索理论的文章相对较少,这限制了理论的进一步发展。在研究主体方面,学校教师是主要的研究力量,但尚未形成稳定的核心研究团队,这不利于研究的持续深入。此外,核心期刊刊载比例不高也反映出论文质量有待提升。

针对这些问题,我们认为未来该领域的发展应着重于深化维果茨基理论研究,挖掘最近发展区理论的深层逻辑。正如老一辈心理学家潘菽教授所指出的:"要建立具有中国特色的心理学体系,就必须具有高度的马克思主义哲学的理论修养,否则研究工作就会迷失方向。"[1]同时,强化实践创新能力,通过申报科研项目开展实证研究,推动理论与实践的一体化。此外,还应借鉴国际研究经验,运用国际比较视野,优化我国教育实践。通过这些,我们有望提升该领域的研究质量,推动最近发展区理论在我国的深入发展和广泛应用。这将有助于促进我国教育事业的进步,为培养更多高素质人才提供有力支持。

---

[1] 李娜、黄秀兰、周小丽整理:《天才心理学家维果茨基思想精要:龚浩然读书笔记(遗稿)》,浙江大学出版社2020年版,第203页。

附录一　学龄期的教学与智力发展问题[1]

我们可以系统地把现有的关于如何解决儿童发展与教学的关系问题基本上归为三类，并试取其最明显和完整的表现形式来分别加以研究。

在科学史上提出的第一类解决办法的中心论点是：儿童的发展过程不依赖于教学过程。在这些理论中教学被看成是纯粹外部的过程，这一过程应当这样或那样地适应儿童的发展进程，但它本身并不积极参与儿童的发展，它不会改变儿童发展中的任何东西，与其说它推进儿童的发展过程和改变发展的方向，还不如说它利用了发展的成果。皮亚杰的极其复杂而又令人感兴趣的观点可能是这种理论的典型代表，他抱着这种观点完全脱离开儿童的教学过程去研究儿童思维发展。

研究儿童思维发展的人是从这些过程不依赖于儿童的学校教学的事实这一根本的前提出发的，但这一事实令人惊奇，并且迄今为止被忽略而没有受到批评。儿童的推理和理解，他关于世界的表象，对自然的因果关系的解释，对思想的逻辑形式和抽象逻辑的掌握，这些过程都被研究者看成似乎是不接受任何来自儿童的学校教学方面的影响而由自己本身来进行的。

对于皮亚杰来说，他所采用的研究儿童智力发展的方法，不是技术问题，而是原则问题。他的研究方法所采用的材料不仅完全排除了对儿童解决某一任务进行教学训练的可能性，而且也根本排除了儿童对某一回答是经过任何训练的因素。皮亚杰在给儿童的治疗性谈话中所提出来的任何一个问题，便可能是十分明显地表明这一方法的一切长处和短处的典型实例。当问一个五岁的儿童为什么太阳不掉下来时，他们所注意到的是该儿童不仅对这个问题没有现成的答案，而且即使他甚至是个天才，也根本不能做出令多少人满意的回答。提出这样一些完全为儿童不容易了解的问题的目的，在于完全排除掉儿童的过去的经验和知识的影响，迫使儿童去思考那些分明是新的、他所不容易了解的问题，以便获得儿童的思维完全与绝对不依赖于儿童的知识经验和教学的纯粹的趋向。如果引申皮亚杰的思想，并

---

[1] 本文译自《维果茨基心理学研究文选》，1956年俄文版，第438—452页。原载《教育研究》1983年第6期。附录一、附录二为龚浩然先生1980年初翻译的维果茨基著作，我们的书作都是根据维果茨基的作品"解读的"，为了更准确地理解维果茨基的思想，我们故将其作为附录刊登于后，这样大家解读他的著作时就更加确切和具体了。

且从中作出关于教学方面的结论,便容易看到:这些结论与那种在我们的研究中也常常碰到的对问题的提法将是极为相近的。在这里常常与关于发展与教学的关系的这一种提法发生矛盾,这种提法在皮亚杰的理论中可以找到极端的并且几乎是荒谬的表现,但是,不难说明,在这里,这种提法只是达到了它的逻辑的极限,从而也达到了荒谬绝伦的地步。

不难看到,在这里这些机能的发展过程完全不依赖于教学过程,这种情况甚至还表现在这两种过程在时间上的分离。发展应该完成其自身一定的完整的系统,某些机能应在学校可能给儿童着手进行的一定的知识和机能的教学之前成熟,发展的系统总是在教学的系统之前,教学是充当发展的尾巴的,发展总是走在教学的前面。只是由于这一缘故,关于提出教学本身在发展与教学进程促使其活跃起来的机能的成熟过程中的作用问题的任何可能性均被事先排除掉了。机能的发展与成熟,与其说是教学的结果,不如说是教学的前提。教学是建筑在发展之上的,实质上丝毫也不会改变发展中的任何东西。

第二类解决办法,可以概括为教学也就是发展这样一个与上述论点相反的中心论点。这种提法最扼要、最准确地表现这一理论本身的实质。这些理论本身是在极为不同的基础上产生的。

乍一看来,可能以为这种观点较前一种观点进步得多,因为如果说前一种观点是以教学与发展的完全分离作为基础的话,那么,这种观点却赋予教学在儿童发展进程中以中心的意义。但是,进一步研究第二类解决办法就表明:尽管这两种观点有着明显的对立性,然而他们在基本点上却是一致的,相互间是非常近似的。詹姆士说:"教育最好能被确定为获得行为习惯与动作意向的组织。"发展本身也同样基本上被归结为形形色色反映的积累。詹姆士认为:任何后天获得的反应,通常或者是天生的反应的更复杂的形式,或者是该天生反应的替代者(而这种天生反应是某一对象最开始就具有的趋向引起的)。詹姆士把这一论点称为总的原则,这一原则乃是整个获得过程亦即发展的基础,并指导着教师的全部活动。在詹姆士看来,每一个人都不过是各种习惯的活的复合体。

如果说发展的规律在这一类理论中也仍然被看作是教学应加以重视的自然规律,就像技术应该重视物理学的规律一样,教学在这些自然的规律中要改变什么东西是无能为力的,就像最完善的技术要在自然界的一般规律中改变什么东西是无能为力的一样。此外就很难有更明确的说法能表达出这种思想了。

尽管这两种理论有极其相近之处,但也有着十分重要的差别,如果留意教学过程与发展过程在时间上的联系的话,差别就可以极为明显地表现出来。像我们以前所见到的一样,第一种理论的创立者们断言,发展的系统处在教学的系统之先,成熟在教学的前面,教学的过程充当着心理形成的尾巴;第二种理论认为,这两个过程是同等地、平行地进行着的,因此,教学上的每一个步子都是与发展的步子相一致的。发展跟着教学,好像影子紧跟着投影的物体一样,甚至这种比喻对该理论的观点而言好像还过于大胆,因为这种理论是从发展与教学这两种过程的完全融合与等同出发的,完全没有把它们分开,因而是以这两种过程之间更紧密的联系与相互依赖为前提的。发展与教学对这种理论而言,在一切地方都是相互一致的,正如两个同样的几何图形叠在一起一样。当然,关于什么在先、什么在后的问题,在这一理论看来是毫无意义的。同时性、同步性,成了这一类学说的基本信条。

第三类理论采取把以上两种观点结合起来的办法,试图克服他们的极端性。从一方面来说,发展过程被理解为不依赖于教学的过程,另一方面,儿童在教学过程中获得一系列新的行为形式的这样的教学本身,同样被理解成是与发展等同的。这样一来,便创立了各种二元论的发展理论。这类理论最明显的代表可以说是考夫卡关于儿童心理发展的学说。根据这一学说,发展是以两种实质上不同的,然而是联系着的彼此相互制约的过程为基础的。一方面,成熟直接依赖于神经系统的发展过程,另一方面,按照考夫卡的说法,教学本身同样也是发展的过程。

在这一理论中有三个方面是新的,第一,如已经指出过的两种对立观点的结合,其中每一种观点在科学史上,如上面已经描述过的一样,以往是单独分开的。在这一理论中这两种观点结合了起来。这一事实本身就已经说明这些观点并不是对立的、相互排斥的,实质上它们有共同的地方。

这一理论的第二个新的方面:构成发展的两个基本过程是相互依存、相互影响的。诚然,这种相互影响的性质在考夫卡的名著中几乎没有加以阐明,他只局限于提出这些过程之间存在着联系的最一般的意见。但是从这些意见中可以了解到,成熟过程为一定的教学过程做准备并使其成为可能。教学过程仿佛激励着成熟过程并推动它向前进。

最后,这一理论的第三个新的并且是最重要的方面是扩大教学在儿童发展进程中的作用。对于这最后一个方面,我们应当讲得详细一些。这一方面直接使我们想到了旧的教育问题。这个问题近来也失去了它的尖锐性,并且通常把它称为形式学科问题。这种思想在赫尔巴特的体系中已经得到了最明显的表现。众所周知,这种思想是承认每一门学科在儿童的总的智力发展中都有一定的意义。在这一观点看来,不同的科目在儿童的智力发展中有着不同的价值。

大家知道,以这种思想为基础的学校便把一些科目,如古典语、古希腊罗马的文化、数学等列为教学的基础。因为这种学校认为不应以某些学科生活价值为转移,而应该从儿童的总的智力发展的角度来看,把那些有着最大价值的学科提到首位。大家知道,这种形式学科的理论给教育学方面带来了一些极端反动的实际结论。我们上面所研究过的那些试图赋予教学以独立意义,而不把教学只是看作儿童发展的手段,只是看作应锻炼儿童智力的体操与形式学科理论中的第二类,在一定的程度上也曾是与形式学科理论相对立的。

有人曾经通过一系列的研究指出关于形式学科的基本思想是没有根据的。这些研究表明：在某一个领域内的教学，对一般发展的影响是极其微小的。例如伍德沃斯和桑代克曾发现：在经过专门的练习之后，成人在测定短线方面有了比较大的进步，然而在测定长线的机能上却几乎毫无进步。这些成年人在测定练习测定某一形状平面的大小上取得了进步之后，在测定不同大小和形状的一组平面时取得的成绩却达不到前一成绩的三分之一。日里贝尔特、弗兰克尔和马丁指出，对一类信号的快速反应的练习很少影响另一类信号的反应速度。还可以举出一系列诸如此类的研究，其结果几乎总是同样的。恰恰是这些研究表明：某一种活动形式的专门教学极少反映在另一类活动形式上，甚至极少反映在与前一种活动形式特别相似的活动形式上。桑代克说：学生每天所做出的局部反应，对他们总的智力的发展达到何种程度，这个问题乃是各教学科目的一般教育意义的问题，或者简而言之，乃是关于形式学科的问题。

"心理学与教育学的理论家们所做的通常的回答是：每一个局部的收获，每一种专门的发展形式，都直接地、同样地提高着一般的机能。教师是依据这样的理论来思考与行事的，这就是：智慧乃是各种能力即观察力、注意力、记忆力、思考力等的复合体，任何一种能力的完善，一般来说，对一切能力都是一种收获。根据这一种理论，对拉丁语法中集中的紧张的注意就意味着对任何事物集中注意的能力的加强。总的意见是这样的：准确性、生动性、审慎性、记忆力、观察力、注意力、集中性等等，这些词都是指各种实际的、基本的能力。这些能力有赖于所采用的材料而发生变化，在很大程度上由于学习各个科目而发生变化，当转向其他领域时，它们仍具有这些变化。因此，如果一个人学会熟练地做某一件事情，那么由于某种神秘的联系，他也将会熟练地做一件与前一件事没有任何关系的其他事。有人认为，各种智力是不依赖于他们所采用的材料而起作用的。有人甚至认为，一种能力的发展导致其他能力的发展。"[1]

桑代克也反对这样一种观点，他根据许多研究竭力指出这种观点的虚伪性。他指出了这种或那种活动形式，对于该种活动所采用的具体材料的依存性。一种局部能力的发展，很少意味着其他能力同样得到发展。他说，对问题进行仔细研究表明，能力的专门化比表面观察时所感觉到的还要更大。例如从100个人当中挑选10个掌握了发现书写上的错误或测量长度能力的人，那么这10个人绝对不会在正确鉴别物体的重量方面表现出良好的能力来，同样，计算加法的速度和准确性与想象中某些词的反义词的速度和准确性也是没有联系的。

这些研究表明，意识完全不是若干一般能力，如注意、观察、记忆、判断等的复合，而是许多个别能力的总和，其中每一种能力相当程度地不依赖于另一种能力，

---

[1] 桑代克：《基于心理学的教学原则》，1925年俄文版，第206—207页。

并且应当独立地加以练习。教学的任务不是发展一种思考能力,而是发展关于各种不同对象的许多专门思维能力,它不在于改变我们一般的注意能力,而在于发展把注意力集中在各种不同的对象上的各种各样的能力。

为了保证专门教学对一般发展的影响而采用的方法,只有在因素完全相同、材料完全相同、过程本身完全相同的情况下才发生作用。由此得出一个结论:发展意识就是指发展多种局部的互相不依赖的能力,形成多种局部的习惯,因为每一种能力的活动都是以该种能力所采用的材料为转移的。一种意识机能或其活动一个方面的完善,之所以能影响另一种机能的发展,仅仅是因为这两种机能或者两种活动存在着共有的要素。

我们刚刚读过的第三类理论也表示反对这种观点。这种理论基于构造心理学的成果提出了一个原理:教学的影响无论何时都不是特殊的,因为构造心理学指出,教学过程的本身无论何时都不能只归结为形式熟练,而是包括智力方面的活动,从而使得能够在解决一项任务时所获得的结构原则迁移到一系列其他的任务上去。儿童在学习某一局部的操作时,便获得了形成一定类型结构的能力,不依赖于他所采用的不同材料,也不依赖于这一结论中所包含的个别的因素。

由此可见,第三种理论作为最重要的新的方面又重新回到了关于形式学科的学说,这样一来,它就与其自身的出发点发生了矛盾。如我们记得的一样,考夫卡重复了一个旧的公式,说教学也就是发展。但是,因为考夫卡好像并没有觉得教学本身只是习惯和熟练的获得过程,在他看来,教学与发展的关系也不是等同的,而是性质更为复杂的关系。如果在桑代克看来,教学与发展在一切方面都是互相一致的,就像两个重叠起来的相同的几何图形一样,那么对考夫卡来说,发展总是较教学范围更为广阔。在这里可以借两个同心圆来表示这两种过程的关系,其中较小的一个象征着教学过程,而较大的一个则象征着由教学引起的发展过程。

儿童学会了某一种操作,从而便掌握了某一结构原则,这一原则应用的范围要比单是掌握这一原则所进行的这类型的操作广阔。因此,儿童在教学中走一步,在发展中会前进两步,也就是说,教学与发展二者并不是同步的。

我们上面所研究的三种理论都是用不同的观点去解决关于教学与发展的关系问题,这就使我们有可能以这些理论作为出发点,从而对这个问题提出更正确的解决方法。对儿童的教学是在学校教学之前早就开始了的,我们认为这一事实就解决了这个问题的出发点。实际上,学校教学无论何时都不是在空地上开始的,儿童在学校中所碰到的任何教学,总是有其自身的前史。例如,孩子在学校里学习算术,但是,早在他入学之前,他就已经有了数量方面的若干经验,他曾碰到过分东西、测量大小、某些加和减的运算,因此,儿童在他自己学前的算术,只有那些近视的心理学家才可能看不到或忽视这一点。

仔细的研究表明:这种学前算术是特别复杂的,它意味着,儿童早在接受学校的算术教学之前,就在经历着自身的算术发展的过程。诚然,学校教学的这种前史并不是指在儿童算术发展的两个阶段之间的直接衔接。

学校的一些教学路线并不是在某一领域内儿童的学前发展路线的直接的继续,除此之外,学校的教学路线可能在某些方面回过头来了,甚至可能朝着与学前的发展路线相对立的方向。但是,这无关紧要,不管我们在学校中碰到的是学前教育的直接的继续也好,或是对它的否定也好,我们都不能轻视这样一种情况,即学校的教学无论何时都不是从空地开始的,而总是面临着儿童在入学前所走过的一定的儿童发展阶段。

不仅如此,像施图姆夫和考夫卡这样一些研究家试图抹杀学校教学与学龄前期的教学之间的界限,他们所持的理由看来似乎是非常令人信服的。细心地观察一下便容易发现,教学也不仅仅是学龄期才开始的。考夫卡在试图为教师阐明儿童教学的规律及其与儿童智力发展的关系时,他把自己的全部注意力都集中在最简单的、原始的教学过程上,而这些最简单、最原始的教学过程恰恰是出现在学龄前期的。

他的错误在于,他虽然看到了学前教学与学校教学之间的相似之处,但是他却看不到它们之间的差异,看不到由学校教学的事实所带来的新的特点,显然他有意步施图姆夫的后尘,认为这种差别只是在一种情况下我们所接触到的不是系统的教学,而另一种情况下却是对儿童的系统的教学。很明显,问题不仅仅在于系统性,而且在于学校教育给儿童的发展进程带来了某种原则上的新的东西。但是,这些著作家的正确之处在于他们指出了在进入学龄期之前早就存在着教学这一毋庸置疑的事实。事实上,难道儿童不向成人学习说话吗?难道儿童在提出问题和得到回答时不从成人那里获得一系列的知识、常识吗?难道儿童在模仿成人并从成人那里得到的他应该怎样的行为的指教时,不是在自己身上形成一系列的熟巧吗?

自然,在学龄期来到之前的这一段教学过程与掌握科学基础知识的学校教学过程还是有着本质区别的。但是,当儿童在初问期便掌握着他周围物体的名称。实质上,这时他便经历着一定的教学系统。由此可见,教学与发展并不是在学龄期才初次相遇的,实际上是从儿童出生的第一天起便互相联系着。

这样一来,我们给自己提出的问题便变得加倍复杂起来,它似乎分解成两个简单的问题。第一,我们应该了解教学与发展之间存在着一般的关系,然后我们也应该了解在学龄期这种关系有哪些特点。

我们先从第二个问题开始讲起,从而可以使我们阐明所关切的第一个问题。为了明确这一点,我们详细研究一下某些研究的结果。这些研究结果从我们的观点来看,对我们的整个问题有着原则性的意义,并且使我们能给科学引进一个极为重要的新概念,否则我们所研究的问题就不能真正的得到解决。这里谈的是所谓的最近发展区。

教学这样或那样地应与儿童的发展水平相一致,这乃是通过经验而确立的并多次验证过的无可争辩的事实,只有从一定的年龄才可以开始教儿童识字,只有从一定的年龄起儿童才能学习代数,这未必还需要证明。因此,确定发展水平以及教学可能性的关系乃是一个牢固而又基本的事实,从而我们可以大胆地把这一毋庸置疑的事实作为依据。

但是,只是在不久之前才注意到,当我们试图确定发展过程与教学的可能性的实际关系时,无论何时我们都不能只是限于单一地确定一种发展水平。我们应当至少确定儿童的两种发展水平,不了解这两种水平,我们便不能在每一个具体的场合找到儿童发展进程及其与教学的可能性之间的正确关系。第一种,我们称之为儿童的现有发展水平。我们指的是由一定的已经完成的儿童的发展系统的结果形成的儿童心理机能的发展水平。

从实质上来说,在借助于测验确定儿童的智龄时,我们经常接触到的几乎就是现有发展水平。但是,单纯的经验表明:这种现有发展水平还不能十分完全地判定儿童发展到今天为止的状态。我们研究了两名儿童并且判定他们两人的智龄都是7岁,这就是说这两个孩子能解答相当于7岁儿童才能解答的题目。但是当我们试图让这些孩子在解答测验上往前推进一下,那么他们之间便会出现很大的差别,其中一个儿童借助于启发性的问题、例题、示范,便容易地把距离他的发展水平两年的测验题解答出来,而另一个孩子却只能解答超过他半岁的测验题。

我们在这里直接遇到了为确定最近发展区所必需的一个中心概念,这个中心概念又与现代心理学中过高地模仿问题相联系。

以前有一种观点认为这样的原理是不可动摇的,即儿童的智力发展水平的指标只能是他的独立活动,而绝不可能是模仿。这种观点表现在测验研究的一切现代的系统中。只有那些没有他人帮助、没有示范、没有启发性的问题,由儿童独立完成的测验解答,在评定质量发展时才会引发关注。

但是,研究表明,这种观点并没有什么根据。对动物所做的实验早就证明动物能模仿的动作局限于动物本身的可能范围之内。这就是说,动物所能模仿的动作只是那些在某种形式上也为动物自身所能做到的动作。同时,如苛勒的研究所表明的,动物模仿的可能性,几乎不会超过他自身动作的可能的限度。这就是说,如果动物能模仿某一智力动作,那么它在自身的独立活动中,当有一定的条件时也会表现出完成类似动作的能力。由此可见,模仿是与理解紧密地联系着的,模仿只有在为动物的理解所能及的动作范围内才是可能的。

儿童模仿的最重要的差别在于,他能模仿一系列远远超出他自身的可能范围的动作,然后这些动作并不是无限的。在集体活动中,在成人的指导下,儿童借助模仿所能完成的行动要多得多,并且是通过理解而独立完成的。在有指导的情况下借助成人帮助所达到的解决问题的水平,与在独立活动中所达到的解决问题的水平之间的差异,便确定着儿童的最近发展区。

　　回忆一下我们刚才所举的例子。我们面前有两个智龄同样为 7 岁的儿童,但是其中一人在最微小的帮助下能解答 9 岁的题目,另一人则只能解答 7.5 岁的题目,这两个儿童的智力发展是同样的吗? 从他们的独立活动的观点来看是同样的,但是从最近的发展可能性的观点来看,他们却有着很大的差别。那种原来要在成人的帮助下才能够做到的事情,向我们指出了他们的最近发展区。这就意味着,借助于这种方法我们所能估计到的不仅是到今天为止已经完结的发展过程,不仅是已经完成的发展系统,不仅是已经完成的成熟过程,而且还包括那些现在仍处于形成状态,刚刚在成熟、刚刚在发展的过程。

　　这种在成人的帮助下,儿童今天所能做的事,明天他就会独立地去完成。由此可见,最近发展区能帮助我们判明儿童的明天,判明儿童发展的动力状态,从而不仅注意到在发展中已经达到的东西,而且也注意到正处于成熟过程中的东西。我们所举的两个孩子的例子,从已经完成的发展系统的角度来看,他们两个人的智力是相同的,但是从他们发展的动态来看却是完全不同的。由此可见,儿童的智力发展状态,至少要通过弄清楚他的两种水平(现有发展水平与最近发展区)才可能加以确定。

　　这一事实看起来似乎无关紧要,但是实际上,它却具有决定性的原则的意义,并且给关于教学与儿童发展过程之间的关系的整个学说带来了一场巨大的革命。首先,这一事实改变了从发展的诊断来看应该怎样做出教育学的结论问题的传统观点。过去的事情呈现出这样的情况:借助测验,我们确定儿童的智力发展水平,教育学应当考虑这个水平,而不应当超过这个水平。由此可见,这个问题的提法本身已经包含了这样一种思想,即教学应当面向儿童发展的昨天,面向已经经历过了的完成的发展阶段。

　　这种观点的错误在理论上还没有变得很明显时,就在实践当中暴露出来了。在对智力落后儿童的教学实例上,这一点可能表现得最为突出。大家都知道研究表明,智力落后儿童的抽象思维能力是很低的,辅助学校的教育学便由此得出了一个看起来好像正确的结论,即对这样的儿童的全部教学都应当以直观性作为基础。但是,在这方面的诸多经验使得特殊教育大失所望。原来,这样的教学体系,由于完全建立在直观性的基础之上,并且从教学中排除了一切与抽象思维相联系的东西,所以它不仅不会帮助儿童克服自身的天生的缺陷,而且还使这种缺陷巩固下来,从而使儿童完全习惯于直观的思维,并妨碍了这样的儿童具有的微弱的抽象思维得到发展。正是因为如此,智力落后的儿童如果听其自然,那么无论何时何地都得不到稍微发展的抽象思维的形式。学校的任务正是在于全力以赴使儿童朝着这一方面向前推进,发展那种在其发展中本身显得欠缺的方面。在辅助学校的现代教育学中,我们也观察到由于这样来理解直观性而发生的很有益的变革,从而也给直观教学的方法本身赋予了真正的意义。直观性只是在发展抽象思维的阶段被当作手段时才是需要与不可避免的,但是它本身并不是目的。

在正常儿童的发展中也产生某种与此非常相似的东西,教学如果是以已经完成了的发展系统为目标,从儿童的一般发展的角度看来,这种教学是没有积极作用的,它不会引起发展过程而只能充当发展的尾巴。

与旧的观点不同,关于最近发展区的学说使我们能够提出一个与之相对立的公式,这个公式宣布:只有那种走在发展前面的教学才是良好的教学。

有一系列的研究我们不准备在这里列举,而只是加以引证。从这些研究中我们知道人所特有的、在人类的历史发展过程中出现的儿童的高级心理机能的发展进程,是一个极其特殊的过程。在另一个地方,我们曾经以下面的形式表达过高级心理机能的发展规律:任何一种高级心理机能在儿童的发展中都是两次登台的,第一次是作为集体的活动、社会的活动,亦即作为心理间的机能而登台的,第二次才是作为个人活动,作为儿童的思维的内部方式、作为内部心理机能而登台的。

言语发展的例子,也许在这方面是整个问题的范例。言语最初是作为儿童与他周围的人之间进行交往的手段而产生的,只是到了后来,它才转化为内部言语,而变成儿童自身的思维的基本方式,变成他内在的心理机能。波尔杜英、里涅扬诺夫和皮亚杰的研究指出:早先在儿童的集体中产生了争执,与此同时便产生要证明自己的思想的需要,只有在这以后,儿童才产生思考作为内部活动的特殊背景,这种内部活动的特点在于儿童学会了解与检验自己思想的依据。皮亚杰说:"我们总是乐意相信这种说法,只有在交往的过程中才产生检验和证实思想的必要性。"

正如内部言语与思考是从儿童与周围人的相互关系之中产生的一样,这些相互关系也是儿童意志发展的源泉。皮亚杰在最近的著作中,于儿童的道德判断方面,指出了它们的基础便是共同的活动。以前其他的研究可能认定,早先在儿童的集体游戏中产生善于使自己的行为服从于规则的技能,只有在这之后才产生对行为的意志调节并作为儿童自身的内部机能。

我们在这里从一些个别例子看到了具体地说明了在童年期高级心理机能发展的一般规律。我们认为,这一规律也完全可以应用到儿童的教学过程上来。教学的最重要的特征便是教学创造着最近发展区这一事实,也就是教学引起与推动儿童一系列内部的发展过程,这些内部的发展过程现在对于儿童来说只有在与周围人的相互关系以及与同伴们的共同活动的范围内才是可能的,但是只有经过了内部发展进程之后才能成为儿童自身的内部财富。

教学,从这一观点来看并不就是发展,但是对正确组织的教学引起儿童的智力发展,使一系列这样的发展过程得以产生,如果离开教学是根本不会成为可能的。这样一来教学乃是在发展儿童的非自然的特点而是人的历史特点的过程中的内在必要与普遍的因素。

正如同聋哑父母生的孩子一样，由于听不见自己周围的言语声，尽管他在发展言语上有完整无缺的自然素质，却依然变成了哑巴，同时那些与言语相联系的高级心理机能在他身上也得不到发展。任何教学过程也是如此，它是实现许多这一类过程的发展的源泉，而这些过程如果离开教学就根本不可能在发展中产生。

作为发展的源泉的教学，创造最近发展区的教学，其作用在把儿童与成人的教学过程做一对照的时候就显得更清楚了。直到最近，很少有人注意成人的学习与儿童的学习之间的差异。大家都知道成年人也有着特别高的学习能力。詹姆士认为在 25 岁以后成年人便不可能获得新思想，这种看法已在现代实验研究的过程中被驳倒了。但是，成人的学习与儿童的学习有什么根本的不同，这个问题至今仍不够清楚。

事实上，从我们上面所列举的桑代克、詹姆士以及其他人的理论观点来看，由于他们都把学习过程归结为形成习惯，因此成人的学习与儿童的学习是不可能有什么原则区别的。讨论这个问题本身就没有意义了。习惯的形成是以成人和儿童这种习惯形成的同一机制作为基础的。问题在于一是这种习惯形成得较容易与迅速，另一是这种习惯形成得没有那么容易和迅速。

那么，试问成年人学习打字、骑自行车、打网球的过程与在学龄期学习书面语言、算术和自然知识的过程会有什么根本区别呢？我们认为这两种过程的根本区别在于它们与发展过程的关系是不同的。

学习打字实际上就意味着形成许多熟巧，这些熟巧本身并不会使人的一般的智力面貌发生任何变化。这种学习是利用已经形成了的和完成了的发展系统。正是因为如此，这种教学从一般发展的观点来看，所起的作用是微乎其微的。

书面语言的学习过程便是另外一回事了。一些专门研究表明：这些过程引起这样一些心理过程、一系列新的特别复杂的发展，而这些心理过程的产生意味着在儿童的一般精神面貌上发生根本的变化，就像从婴儿过渡到幼儿期学习言语一样。

我们现在便可以试着把以上所述做一番总结，并把我们所探求到的教学与发展过程之间的关系做一个一般的表述。有关小学中的算术、书面语言、自然常识以及其他科目的教学过程的心理实质的实验研究表明：所有这些教学过程走在前面时，它们是围绕着学龄期的基本的新的类型而旋转的，这好像绕轴心而转动一样。一切都是与学生发展中的中枢神经交织在一起的。学校教学路线本身激发着内部的发展过程。透彻地研究这些由于学校教学进程而产生的内部发展路线及其命运，也就构成了分析教育过程的直接任务。

发展过程并不是与教学过程同步的，发展过程跟在建立最近发展区的教学过程的后面，这一论点对在这里所提出的假设是最为重要的。

假设的第二个最重要的方面认为，教学虽然也是直接与儿童发展的进程相联系，但这二者无论何时都不是均等、平行实现的。儿童的发展无论何时都不是像影子跟在投影的物体之后一样,跟随在学校的教学之后。因此,学校的测验成绩,任何时候都反应不出儿童发展的实际进程。事实上,在发展过程与教学过程之间,建立起了最复杂的动力的制约关系,从而无法用一个统一的先验的抽象公式把它们都包括进去。

每一个对象都与儿童发展进程有着特殊的具体关系,而且这种关系在儿童由一个阶段过渡到另一个阶段的时候是会发生变化的。这也就使得我们紧接着去重新审视形式学科的问题,也就是从儿童的一般智力发展的观点来看每一个单独的科目的作用和意义的问题。在这里,问题不能借助于某一个公式来解决,并且为广泛的和极为多种多样的具体研究开辟了广阔的园地。

附录二　教学与学生智力动态发展的联系[1]

在今天的报告里,我想谈一些近年来儿童学的研究以及与教学过程中儿童智力发展相关的问题。这些问题涉及儿童智力发展和他们在学校学习发展之间的相互关系。

过去对这些问题的解决非常简单,即使一个很幼稚的人也能在儿童的智力发展和他的学习潜能之间指出某种纯粹凭经验就可以确定的联系。大家知道,学习要在儿童智力发展的一定年龄段才能进行。无法从 3 岁起就开始教儿童算术,也不能等到 12 岁再教。学算术最佳的年龄大约应在 6 岁到 8 岁之间。大量的教学经验和纯经验的简单观察,还有先前的一些研究都证明,智力发展和教学进程之间有着紧密联系,需要互相配合。

但过去人们把这种联系想象得过于简单。如果我们总结一下某些国家近十年来就这个问题所开展的研究,那么我们可以毫不夸张地说,研究者对儿童的智力发展和教学进程之间的关系问题的观点已经发生了根本性的变化。

那么,比纳、莫依曼以及其他一些经典文献的作者过去是如何看待这一联系的呢?他们认为,发展总是教学的必要前提,如果儿童的智力功能(智能操作)还不是非常成熟,没有能力开始学习某门科目的话,那么,这种学习就不会有什么结果。因此,他们认为,发展要走在教学的前面。教学要依靠发展,要利用发展中已经成熟的机能。因为,只有在那时学习才有可能,才能富有成果。他们主要害怕过早的教学;不可在儿童学习某一科目的时机尚未成熟的时候,过早地教儿童学习这门科学。研究者的全部精力都花在找到开始学习的最低限,也就是第一次可以进行教学的年龄。

那么,如何寻找这一年龄呢?主要是通过以测试和解题为基础的研究方法。解题就是要求儿童运用某些智力操作。如果一名儿童能够独立解题,那么就可认为他解题所需要的特征已经成熟,相应的结论就是他可以开始学习。如果这种特征不成熟,那就意味着这名儿童尚未具备在学校学习的条件。

可以毫不夸张地说,在那一时期,学校教学方面的这种对智力发展的诊断同择业时测定人的智能特征十分类似。在判断某人是否适合某种职业时,就是这样来

---

[1] 本文为龚浩然译自《维果茨基心理学研究文选》。

说的：为了成为一个在某个领域里出色的专门人才，他应当具备这样或那样的品质，然后进行考察，如果被测试者具备这种品质，那么他是合适的；如果没有这些品质，或者还不够，那么他不适合这项职业。挑选儿童进校，也是这样做的：如果小孩具备了学生应有的成熟功能，那他就适合于学校教育。

这种观点在这项最为重要的规律确立的时候就发生过动摇。遗憾的是这项规律在实践和理论中采用得都很少，以至我们的教科书通常都不会加以说明。大家都明白一个简单的道理，就是不能过早地学习某门科目，但许多人还是听到过，学习某一科目也不能过迟，学习总是有一个最佳年龄期，既不是最低的，也不是最高的。偏离最佳的年龄期，或高或低，都将是致命的。就像人体最佳温度为37℃一样，超过这个温度或低于这个温度都有损生命机能，造成最终导致死亡的危险。学习也是这样，每门课的学习都有自己的"最佳温度"，过早或过晚开始都会造成学习上的困难。

举一个简单的例子。儿童在1.5岁时开始学话，甚至会更早一点。很明显，要让儿童开始学话，必须要有某个前提，某些机能应当已经成熟。如果小孩智力落后，他学话就比较迟，因为他的机能成熟得晚。如果在孩子3岁时再教他说话，看起来，这时孩子的机能要比1.5岁时成熟得多，但事实上，3岁时孩子学说话已经十分困难，比1.5岁时要差得多。这个例子就不符合比纳、莫依曼和其他一些古典心理学代表人物所依据的一项基本规律——机能成熟规律，即认为一定机能的成熟是学习的必要前提。

如果上面所说的这一点是正确的话，那么似乎我们的教学开始得越迟就越容易。比如，要教小孩说话，就需要以注意、记忆和智能为前提。其中的一些前提在3岁的时候要比1.5岁时更为成熟，但为什么3岁时教儿童说话比1.5岁时更难呢？一些新的研究（诚然，这只是一些单方面的研究，因为它来源于某些教育学学派）表明，5～6岁时教书面语要比8～9岁时更为容易。很明显，学习书面语要以一些机能的成熟为前提，而8～9岁时，这些机能的成熟度大大超过5～6岁的时候。如果学习需要这些机能成熟是正确的话，那就无法明白，为什么年龄大了，学习反而会变得更加困难了。

此外，当我们把学习同智力在年龄的迟早阶段的发展进程进行比较的时候，我们就已经感到，这种学习所经过的道路是不同的。如果我们对儿童在学校里学外语和1.5岁时学母语进行比较，本来会以为8岁时学应该学得更快，因为掌握的语言的全部机能要发达得多。但事实上，8岁时教儿童外语有更多困难，效果要比1.5岁时差得多。1.5岁时，小孩同时可以容易地掌握一两门，甚至三门外语，而且这几门科目之间互相不会有丝毫干扰。

研究表明，儿童不仅在8岁时学语言难（比1.5岁时要难），而且8岁的儿童学习外语所依据的完全是另外一种原则，即依靠与早年童龄期的儿童不同的心理机能。所以儿童最佳年龄期的学说动摇了机能成熟是学校教学的必要前提的规律。

此外,研究还表明,儿童智力发展的进程和他的学习之间的关系比最初解决这一问题时要复杂得多。下面我想着重讲一些研究,围绕着一个问题把这些研究综合起来,同时通过大规模的学校和弱智儿童学校中儿童的智力发展来加以说明。先讲学校中儿童智力的动态发展问题,大家都知道,我们对想上学的儿童都要按其智力发展加以分等级,先分四等。其中我们总是会找到一些智力非常不成熟,因而无法在正常学校里学习,而只好到专门学校中去学习的一批儿童。我们暂时不去讲这些人。能进校学习的儿童则可被分成三组,即智力发展好的、中等的和差的。

一般用智商(IQ)来加以区分。智商就是指智力年龄和实足年龄之比。如果一名儿童的实足年龄是8岁,智龄也是8岁,那么智商等于1,或者100%;如果8岁的小孩的智龄是12岁,那么他的智商为150%,即1.5。相反,如果小孩的实足年龄是8岁,但只有6岁的智龄,他的智商就为75%,即0.75。

假定我们在研究进校的所有儿童时将他们分成三个层次。第一层次为智商超过110%的儿童,即智力发展超过实际年龄的10%;第二层次为智商90%~110%,即智商100%左右的儿童,他们为中等智商;第三层次的智商低于90%,但不低于70%。

这些儿童中哪些人将在学校里学得最好,哪些最差?在进校时进行智力发展测量的全部意义在于,提出智力发展高度同儿童学习成绩之间的关系的假设,这种假设基于普通的观察和统计理论研究。统计理论研究表明,儿童的学习成绩同其智商的相关度很高。在进校时,任何老师都会认为,第一层次的儿童应当在学习成绩方面占第一位;第二层次,即中等智商的占第二位;低智商的为第三层次。现在全世界的学校都使用这项规则,该规则凝聚了在学校范围内进行儿童学研究的智慧。

这一规则在弱智儿童学校也被加以运用。在进校时也对儿童进行分班并且认为,学得最好的将是智力稍许超前的;第二位为智力中等的;第三位为智力最差的。但当人们开始研究这一预言是否会在儿童学习发展过程里被加以证实的时候,当人们像许多科学研究中所发生的那样,不想凭空轻信简单的观察而力图用健全的思维加以检验的时候,人们却发现,事实上这一预言是不正确的。许多研究者,如美国的戴尔曼、英国的伯特、苏联的布隆斯基都认为,如果跟踪智商在学校里发生的变化并去了解高智商的儿童是否能保存这些智商,低智商儿童的智商会不会增高,或者学习成绩差的儿童会不会智商降低这些情况的话,就会发现,大部分进校时高智商的儿童都发生了智商降低的趋势。

这说明了什么呢?这意味着,根据绝对的指标,即与其他儿童比,这些高智商的儿童还是可能会处在前面的,但同自己比,他们在学校学习的进程中智商降低了。相反，一些低智商的儿童在群体环境中会提高智商，当然按绝对指标看，他们的智商仍不如前面一类，但相对于他们自己，则智商有所提高。智商处于中等的孩子仍保持原先的智商（见表1）。

表1　儿童智商与成绩发展变化

层次	智商变化	成绩	
		绝对	相对
高	Ⅲ	Ⅰ	Ⅱ
中	Ⅱ	Ⅱ	Ⅲ
低	Ⅰ	Ⅲ	Ⅰ

按智商发展变化的程度，处在第一位的我们用罗马数字Ⅲ标出，第二位的用罗马数字Ⅱ标明，第三位的则用罗马数字Ⅰ标明。这一先后顺序同原来位置相比似乎是刚好颠倒了。戴尔曼通过他的研究表明，在学校里，智力发展变化同我们根据健全思维和旧的心理学理论得出的期待很不一样。我们期望进校时高智商的儿童在学校学习的过程中将会发展得最好，但实际上他们的发展速度最慢，属最后一位，因为学校对他们的智力发展起的并不是良好的作用，它降低了发展的速度。从学校学习条件中获益最大的是智商低的孩子，智商中等的孩子则保留了中等的发展速度。

这种奇怪的状况引发了许多研究。这些研究都力图来解释，进校时智力发展最好的儿童在学校学习的过程中为什么落后了，智商的发展怎么会变得最差。如果把数据同学习成绩加以对比的话，那么这种怪现象就更为复杂。三个层次的儿童在学习成绩方面是如何分布的呢？大家都知道，智商和成绩之间具有很高的相关性。谁在学校里成绩更好一些，谁学习第一呢？第一位的是智商最高的，第二、三位分别是处于智商第二和第三层次的，这一位次又重新颠倒了过来，回到了我们在进校时所确定的位置。这样，进校时智商第一的儿童，虽然在学习进程中发展速度最慢，但成绩还是第一。

这种通过纯经验途径确定的关系，一方面引出了无法解决的难题和不能解开的谜，另一方面又指出在学校学习进程和儿童智商之间的关系比我们原来想象的更加复杂。

我们研究第四个数值之后就可以解决这个难题，因为这一数值在某种程度上可以解释矛盾产生的原因。我指的是对学校实践目标至关重要的问题的研究，可称其为相对成绩问题的研究。

下面我来说明我们所说的研究内容。现在请你们设想一下，把我们成人中间的某个人安排到某个级中，比如说二年级或者四年级里去。我想，我们每个人都会在这个年级里成为绝对成绩最好的一个学生，也就是我们大家完成学校的要求一定会比这个年级的儿童都好,绝对的学习成绩一定是第一名。但我们在学校里可以获得些什么,学到些什么呢?很明显,我们出来时的知识同进去时的知识将会一样多。从相对成绩的角度看,即从我们一年中所获得的知识看,我们不仅不会处于第一位,反而会处于最后一位,这也是显而易见的。可以有把握地说,在这个年龄组中处于最后一名的不及格学生的相对成绩也会比我们高。这样,我们就可以知道,绝对成绩根本不能用来说明相对成绩。

现在已经有对一些具体问题的研究,如阅读速度研究。我们知道,儿童进校时的知识水平是参差不齐的,一部分人能每分钟读 20 个词,另一部分人只能读 5 个词。前一部分人在一年后能每分钟读 30 个词,而后一部分人每分钟只能读 15 个词。从绝对成绩来看,教师当然认为第一组的学生更好一些,但按相对成绩,这个组的学生阅读速度快了 50%,而第二组快了 200%。也就是说,第二组的相对成绩要比第一组好,而绝对成绩只是第一组的一半。相对成绩和绝对成绩的这种不一致性引出了许多重要的问题。

相对成绩对弱智儿童学校具有很重要的意义,因为在那里学习的是绝对成绩不及格的学生,对这些儿童而言,重要的是一直需要考虑的相对成绩。这一点应在弱智儿童学校里得到特别广泛地推广并运用到成绩不够好的学生身上。在学校里,有一批学生天天得两分,学期末成绩、最终学年成绩都是两分,也就是说有一批特别的两分生群体。这些儿童从绝对成绩的角度看是不及格的。但两分本身只是对这些儿童的知识状况的负面描述,并不能反映他们在学校里总的收获。我开始调查时,将孩子分成两个不等的组。有些两分生相对成绩也不及格,有些两分生绝对成绩不及格,但相对成绩中上(有时这些人很少)。应当把那些完全不及格的同相对不及格的区分开来。从实践上来看,这非常重要。在一些学校和儿童学实验室里有一项不成文的规则,即转到弱智儿童学校去的只是一些绝对成绩和相对成绩长期不及格的学生。针对绝对成绩不及格,但某些相对成绩及格(与整班相比)的学生,需要改变学校内部的条件,而不是让他们离开学校。我将从理论角度和实验分析角度说明这项重要的实际规则。

统计相对成绩对一些规模大而不及格人数多的学校以及弱智儿童学校的学生具有头等重要意义。相对成绩对任何一所规模大的学校中的全体学生也具有重要意义。因为我们经常可以看到相对成绩低的学生往往是绝对成绩走在班级前面的学生。因此,相对成绩使教师第一次看到每一个学生的收获程度,使他看到,在智力发展高、中、低的学生群体中间还有相对成绩高的和相对成绩低的学生。由此产生的问题是,这种相对成绩依据什么?

为了回答这个问题,我想让大家看表 1 中的最后一行。研究显示,如果我们把这三组的儿童排成一列,按相对成绩从上至下排列,那就可以看到一个很有意思的情况。相对成绩第一位的是第三组,第二位的是第一组,第三位的主要是第二组。

尽管我们在这里没有看到在前面三种情况中出现的相应对称的情况,但如果暂时不注意第二组学生(他们是最复杂的,也是研究得最少的学生),只观察第一组和第三组,那么很容易看到,两者互相换了一下位置。如果按绝对成绩,第一组走在前面,第三组走在后面的话,那么按相对成绩看,第三组走在前面,第一组则落在后面。

我们发现,在儿童进校时的智商和他的绝对学习成绩之间,以及儿童的智力动态发展程度和他的相对学习成绩之间,存在着很有意思的依存性。

下面我们来看一些能对这些非常复杂的关系问题进行回答的研究。不言而喻,我们不可能把所产生的问题的各个方面都彻底搞清楚,因为要阐述这里涉及的全部问题和结果,需要整整一本书才行。我们的任务是,指出能够解释清楚这些问题并指明应走道路的两三个主要方面,以发展学校的事业,从实践上来运用智力发展的预诊方法。这些方面对现在和未来的正规学校、弱智儿童学校都具有直接的和现实的实际意义。

第一个问题是关于所谓最近发展区的问题。解决这个问题就几乎可以回答上面所说的重要相互关系问题。在研究儿童的智力发展时一般都认为,儿童智力的明显指标是他能够独立做些什么。我们让儿童进行一系列测试,要他完成难度不等的习题。根据他所能完成的习题的难度,我们就可判断他智力发展的高低。通常认为儿童独立解决问题,没有其他人的帮助,是说明儿童智力的一个指标。如果让儿童回答一些启发性问题,或者告诉他解题的方法之后,儿童再做出来,或者开始由教师解题,而后由儿童解出来,或者由他同其他儿童合作解出来。总而言之,如果儿童不是完全独自把题目解答出来的,那么就不能说明儿童智力的发展。这个真理为大家所知晓,也以健全的理智为人们所肯定。因此,在十年内,连最深思熟虑的学者都不曾想到对儿童智慧及其发展来说,最明显的标志不仅是他能自己做题,而且在某种程度上更为明显的是他在别人的帮助下能够解题。

现在我们设想一下最简单的一种情况,这是我研究中的一个例子,也是整个问题的典型。我研究了两个刚到学龄期的儿童,足龄为 10 岁,智力发展为 8 岁。我可不可以说,这两名儿童在智力发展方面是同龄人呢?当然可以。那么,这意味着什么呢?意味着他们独立解出了难度适合 8 岁年龄标准的题目。如果研究就到此为止,人们就会认为,这两名儿童未来的智力发展和他们在学校的学习将会一样,因为未来的发展前途取决于智力。当然,如果有其他原因,如其中某个人生了半年病而缺课,而另一个没有缺课,那就是另外一回事,但一般说来,这两个孩子的未来发展应当是一样的。现在设想我在得到结果后不中止研究,而是重新开始研究。就像刚才说的,那两名儿童智力发展年龄为 8 岁,他们只能解 8 岁儿童能做的题,更难的就不会做了。下一步我给他们讲不同的解法(一些其他的研究者在不同的场合还会采取其他不同的方法),就是完完整整地告诉他们应当如何来解题并让他们重复一遍,让他们自己做,然后叫他们停下来,向他们提一些引导性的问题。一句话，用不同的途径让他们在我们的帮助下把题目解出来。在这些条件下，第一名儿童可以解出给12岁的儿童解的题目，第二名可以解9岁儿童的题目。在经过这个追加的研究之后，这两名儿童表现出来的智力是不是一样呢？

在我们第一次发现这个事实的时候，也就是看到智力发展同一水平的儿童在教师的引导下可以进行程度完全不同的学习时，我们就已经清楚，这两名儿童在智力上不是同龄人。很明显，他们在今后学习过程中的命运将是不一样的。我们把这种12岁和8岁之间、9岁和8岁之间的差距叫作最近发展区，一个8岁的儿童通过帮助解出了12岁儿童的题，而另一个儿童只能解9岁儿童的题。

下面我们解释一下最近发展区的概念和意义。现代儿童学里有一个越来越公认的名称，叫儿童实际发展水平，这是指儿童在发展过程中所达到的水平，该水平通过儿童独立解出的习题来确定。因此，儿童学中使用的通常意义上的智龄也就是实际发展水平。但现在我们不再在儿童学中把实际发展水平称为智龄，因为正如我们所见到的，它不能用来评论智力发展。儿童的最近发展区是指儿童在成人的引导下或与更加聪明的同伴合作解题所确定的可能发展水平，与独立能解的题所确定的实际发展水平之间的距离。

什么是实际发展水平？儿童独立解题指什么？最通常的回答就是实际发展水平由已经成熟的机能与发展的成果来决定。儿童能独立做某件事、某件事和某件事，就是说他的机能已成熟到可以独立地做某件事、某件事和某件事。最近发展区是由儿童自己无法解决，而要通过别人的帮助才能解答的习题所决定的。而最近发展区又可以决定什么呢？最近发展区可以决定尚未成熟但已处于成熟过程中的机能，即明天就会成熟，今天处于萌芽状态的机能，这种机能不能被称为发展的果实，但可以被称为发展的花苞，也就是马上就会成熟的机能。

实际发展水平评价发展的成绩，是对昨天发展的总结，而最近发展区是评价明天的智力发展。儿童机能的成熟、智慧的成熟是突然之间完成的，好像射击一样，是一个缓慢生长的经过许多跳跃和曲折的过程。简单地说，这样发展有没有开端、中间部分和结尾呢？当然是有的。儿童智力的发展不比菜园子里的豆子生长简单。菜农在果实长成之前很早就可以看到导致果实最后出现的各个阶段。只凭收成、只按结果来判断他所观察的作物生长状况的菜农不是一个好的菜农。同样，只会按发展中已经发生的情况来确定，也就是只按昨天的发展来总结，而不看其他任何情况的儿童学家也是一名糟糕的儿童学家。

因此，最近发展区使儿童学家和教育学家理解了内部的发展进程和发展过程本身，使他们明确了既要确定发展中已经完成、已有成果的方面，又要确定正处在成熟过程的方面。最近发展区使我们能预见明天将在发展中出现的内容。下面引用一个有关学龄前儿童的研究。该项研究的成果说明，今天处于最近发展区的东西，明天将会处于实际发展水平，也就是儿童今天在别人的帮助下能做的事情，明天他就能自己去完成。重要的不仅是确定儿童自己能做的事,而且要确定他借助别人的帮助后能做的事,如果确切知道他今天通过别人的帮助做了某件事,那么同样可以确定,他明天自己也一定能完成这件事。

美国研究者麦克-卡蒂指出过学龄前儿童这样一个情况:如果对一名3~5岁的儿童进行研究的话,就会发现他身上有一类已经出现的机能和另一类不是独立掌握,而是在指导、集体和合作中掌握的机能。第二类机能在5~7岁时基本上就会处于实际发展水平中。这项研究表明,儿童在3~5岁时能在别人的指导下,或同别人合作,或在集体中做的事情,到了5岁时就可以独立地完成了。因此,如果我们只确定儿童的智龄,即成熟的机能的话,那么我们了解的是过去发展的结果。但如果我们确定正在成熟的机能的话,那么我们就可说出这名儿童在保持同样的发展条件下,5岁时将会发生什么。

这样,研究最近发展区就成了教育研究的一个最有力的武器,它能大大提高运用智力发展的预测来完成教育和学校提出的任务的效果和益处。

现在我们来回答上面所指出的矛盾是怎样产生的。这种矛盾是智力发展进程和学生进步之间的异常复杂的关系的初步表现。要触及全部问题,甚至其中最深刻的所有问题是不可能的,因此我们只谈其中的两个问题,先谈最近发展区。

下面我们以具体研究为例进行说明。大家在前面已经看到,同一智商的儿童会有不同的最近发展区。按智商区分,可将儿童分为三类,每一类又可按最近发展区进一步细分。最近发展区超过3年的儿童为A级,最近发展区少于2年的属B级。A级和B级儿童在按智商区分的类别中当然都会有。可以是智商高而最近发展区小的,也可以是相反的情况。现在我以学校里的4个学生作为实验对象,来研究他们在学校学习过程中智力发展的变化和他们的相对学习成绩。第一个学生用罗马数字Ⅰ标出,属A级,即这个学生智商高,最近发展区大。第二个学生也用罗马数字Ⅰ标出,属B级,也就是智商高,但最近发展区小。第三个学生用罗马数字Ⅲ标出,为A级,即智商低,最近发展区大。第四个学生用罗马数字Ⅲ标出,为B级,即智商低,最近发展区小。Ⅰ《A》和Ⅰ《B》、Ⅲ《A》和Ⅲ《B》分别是智商相似而最近发展区不一样。Ⅰ《A》和Ⅲ《A》、Ⅰ《B》和Ⅲ《B》则分别是最近发展区相似而智商不同(见表2)。

表 2

等级	智商	最近发展区
Ⅰ《A》	高	大
Ⅰ《B》	高	小
Ⅲ《A》	低	大
Ⅲ《B》	低	小

如果要弄清楚其中哪种特征最重要,我们就要比较某个特征相似而另一个特征不同的儿童。现在我们的问题是哪些学生智力发展的变化和相对学习成绩相似,是Ⅰ《A》和Ⅰ《B》、Ⅲ《A》和Ⅲ《B》还是Ⅰ《A》和Ⅲ《A》、Ⅰ《B》和Ⅲ《B》? 也就是把什么作为确定智力发展变化和相对学习成绩的最重要因素。如果智商相等,那么Ⅰ《A》和Ⅰ《B》、Ⅲ《A》和Ⅲ《B》就应当相似,如果最近发展区相似,那么Ⅰ《A》和Ⅲ《A》、Ⅰ《B》和Ⅲ《B》就应当相仿。我们选了 4 个儿童来说明,但实验是在很大的规模中进行的,所以调查的不是 4 个,而是 40 个、400 个或 4000 个,只是他们都可分成这样 4 类。

研究的结果表明,智力发展变化和相对学习成绩最相似的不是Ⅰ《A》和Ⅰ《B》、Ⅲ《A》和Ⅲ《B》,而是Ⅰ《A》和Ⅲ《A》、Ⅰ《B》和Ⅲ《B》。对学校里智力发展变化和学生的相对学习成绩来说更重要、更有影响、更强有力的不是今天的智力发展水平,而是最近发展区。简而言之,对智力发展的变化和学生学习成绩来说,今天成熟的机能只是一种前提,它不比正处于成熟阶段的机能更为重要。正在成熟的机能更重要一些。

当通过长期科学思考而发现某项规律的时候,我们往往会感到,本来说的就是这么一回事。因为学校并不总是像我们在测试儿童时那样工作。在进校时我们要求学生做一些自己能做的事情,而教师则总是让儿童从能做的事情转到不能做的事情上去。从这种纯经验的对学校教学的分析中就可看出,学校教学在更大程度上不应取决于儿童自己能做的事情,而要取决于他在指导下能做的事情。

更简单地说,对学校而言,重要的不是儿童已学会了些什么,而是他有能力学会什么。最近发展区就是确定儿童通过指导和帮助,通过教导和合作能掌握那些尚未掌握的方面的可能性。

然而研究到此并未结束,它得继续下去,同时涉及另一个有趣的问题。现在就来谈这个问题,目的是了解应当朝哪条道路走,然后再谈一些结论。

从对第一组的具体研究说起。这项研究是我做的,我比较熟悉。我们把那些进了识字班的识字的儿童和进了不识字班的不识字的儿童均称为 C 级。《C》也就是表示进入符合他们实际水平的那个班的儿童。D 级的儿童在莫斯科和列宁格勒并不多,而在下面省一级的地区就非常多,这是指进了不识字的那个班的识字的儿童和进了识字的那个班的不识字的儿童。我想大家都会同意我的观点,就是《C》和《D》在上面所讲的各组,即Ⅰ《A》、Ⅰ《B》、Ⅲ《A》、Ⅲ《B》这些智商高和智商低的各组里都会有。下面我们就完全按照上面对 A 级和 B 级做过的实验再对 C 级和 D 级做一次。也找 4 个儿童,当然也可找 400 个、4000 个儿童。第一组标Ⅰ《C》,第二组标Ⅰ《D》,第三组标Ⅲ《C》,第四组为Ⅲ《D》(见表 3)。

表 3

等级	智商	班级
Ⅰ《C》	高	识字班的识字儿童或不识字班的不识字儿童
Ⅰ《D》	高	不识字班的识字儿童或识字班的不识字儿童
Ⅲ《C》	低	识字班的识字儿童或不识字班的不识字儿童
Ⅲ《D》	低	不识字班的识字儿童或识字班的不识字儿童

现在来看,哪类儿童智力发展的变化和学校学习的成绩更为接近,是智力相仿、班级不同的Ⅰ《C》和Ⅰ《D》、Ⅲ《C》和Ⅲ《D》,还是班级相同、智力不同的Ⅰ《C》和Ⅲ《C》、Ⅰ《D》和Ⅲ《D》? 这些儿童均有一个相同特征和一个不同特征。这两个特征中哪一个在确定学习前景和智力发展变化方面更有影响? 研究表明(这次比研究最近发展区时表现得更清楚),Ⅰ《C》和Ⅲ《C》、Ⅰ《D》和Ⅲ《D》要比Ⅰ《C》和Ⅰ《D》、Ⅲ《C》和Ⅲ《D》更为相似。这就是说,对智力发展变化和儿童学习成绩的提高起决定作用的不是智商高低,即今天的发展水平,而是儿童对学校提出的要求水平同他准备和发展的水平之间的关系。后面的一个数值即学校提出的要求水平,在儿童学里被称为理想智龄。我认为这是一个很重要的概念。我们可以设想一下,一个四年级的学生,他需要有怎样的智龄方能在这个班级里学得很理想,也就是班上的第一名,在学习和智力发展方面获得最多?

通过研究各个不同年级的优秀生,我们可以凭纯经验提出理想智龄。我们可以像其他研究者所做的那样,把这个学校的年级向学生提出的要求水平变成儿童学年龄。这是一个非常复杂和带有原则性的问题,我这里将不涉及。不管怎么样,我认为,你们都能理解这个年级的最理想的智龄意味着什么。这是指能够使孩子获得最大限度的成绩,胜任该年级教学所要求的智力发展水平。这样看来,对今天而言,儿童学家所确定的最有决定作用和最敏感的一个数值,就是某个年级的理想智龄和该年级学生的实际智力发展和准备之间的比例关系,这两者之间的比例关系是最佳的,也就是并非这里所有的方面都非常好,只是处于某种界限之内,就如体温为37℃一样。如果这个比例遭到了破坏,儿童的能力发展增大或减小,那么相对学习成绩也会受到损害。当然,这种损害是不一样的,也就是这个比例在学生方面下降,还是在学校方面下降,这不是无所谓的。如果是不识字学生的转到识字的那个班,在那里学习他将会非常困难,理想智龄将大大高于实际智龄。如果是识字的学生转到不识字的班,那么在那里他的理想智龄将会不同程度地停顿,这两者也不是一样的。不管是前一种情况,还是后一种情况,都会造成某种损害。上面提供的就是可用来进行专门研究的数据。看来不仅Ⅰ《C》和Ⅲ《C》之间有共同点,这方面我们容易理解,识字的到了识字班,不识字的进入了不识字班,也就是他们都处在相对相同的条件之下,Ⅰ《D》和Ⅲ《D》之间也有几乎一样的相同点。

什么是 I《D》？即一些智商高的到不识字班学习的识字儿童或到识字班学习的不识字的儿童。在 I《D》和 III《D》中均有这两部分人。这里的问题就更难一些。我们可以想象识字儿童在不识字的班级学习轻松，他们什么也不做就可以得第一。而不识字的儿童到识字班去就会力不从心，那个不认识字的儿童即使很努力也仍然赶不上其他人。因此，不管是将理想智龄和现实年龄之间的距离扩大或缩小，对相对学习成绩和相对智力发展变化来说耽搁的程度并不相同，但总还是一种耽搁。现在我们对所讲的内容做一点分析，一个已经识字的儿童在不识字的班里学到了某种文化没有？只学到了一点点。同样，不识字的儿童在识字的班级里也只学到了非常少的东西。

这一研究连同其他一系列研究的成果使我们想到，可能在理想智龄即年级对智力发展的要求和现实智力发展之间有一个最佳的距离。教学一定不是依靠已经成熟的机能，而是依靠正在成熟的机能来提出更高的要求。正如奥奈尔所说，在童龄时期跑在发展前面的教学，即带动发展、面向生活、组织和带领发展过程的教学，不是依靠现在的和成熟的机能，而是从这些机能出发的。如果理想智龄同现实年龄非常贴近，甚至低于现实年龄，或者现实年龄非常低，以至两者差别过大，那么，智力发展的变化在这两种情况下都会遭殃。现在我们应当回答下面这些问题，即距离应当多大？儿童智力发展的最佳条件取决于什么？能不能对这个条件加以确定？如何来现实地对此加以确定，即差距应当多大，或者如教育家所说的，学校教育对儿童来说可以接受的难度区应有多大？

大家知道，过难和过易的教学效果都是很小的。那么最佳区是什么，如何确定呢？人们对此曾做过努力，曾想以儿童的智龄为单位，或以大纲材料为单位，或以学年为单位等来确定最佳区，但我认为这些努力的共同结果最终都表现在一些统计材料并不多的研究之中（这些研究都是个人进行的）。这些统计材料回答了提出的问题，并对一切经验性的研究的意义进行了解释。看来，这种差距同儿童的最近发展区是完全吻合的。如果儿童的实际智力发展为 8 岁，那么他的年级理想年龄为 10 岁。这个孩子理想的年级年龄同他的最近发展区是一致的。当这种一致发生的时候，我们就可确定儿童发展的最佳条件。

如果回忆一下人类的思想走过了多么复杂的道路才确定了这项规律，我们就会想到，规律实际上可以从一些简单的想法中被弄清楚，因为无论在什么情况下，我们每个人都会想到这样的假设，而一些最伟大的研究者却未能想到。我们刚刚谈到过，学校教孩子的不是他已经会做的事情，而是他在指导下会做的事情。而我们把最近发展区确定为智力的一种指标，它以儿童在指导下会做的事为基础。因而最近发展区应当确定最佳条件。所以，对最近发展区的分析不仅对预测智力发展和学校相对学习成绩的未来发展是一个极好的手段，而且对搭建年级以确定四个数值（即儿童智力发展水平，儿童的最近发展区，年级的理想年龄和该年龄同最近发展区的关系)也是一个极好的手段。这为我们如何搭建年级这一问题的解决提供了最好的方法。对于报告结合事实方面的叙述我就说到这里,因为我们的报告除了想介绍近十年来关于智力发展预测问题的状况之外,没有任何其他的目的。

作为结束语我想再谈两点。

第一点,为什么在古典心理学里只把儿童能自己做的事当作儿童智力的指标,这是因为对模仿和教学存在着一种不正确的观点。当时他们把模仿和教学当作一种纯粹机械性的过程。有人认为如果我能自己通过经验做成某件事,那么这就是智力的标志,而如果我模仿的话,那么我可模仿任何东西。心理学家驳斥了这种观点并说明,只有处于人的自身潜在可能区内的才能被模仿。比如我在解某道算术题时感到困难,你站在我的面前在黑板上运算这道题目,我马上也就会做了。但如果你解的是一道高等数学题,而我不懂高等数学,那么我无论怎么模仿,还是解不出来。很明显,只能模仿那些处于自身的智龄区内的事情。动物心理学很好地解决了这个问题。有人给苛勒出过一道题:确定一下类人猿能不能进行直观思维的操作。同类似的情况一样,产生的问题是猴子独立地完成某件事还是它曾经见到过别人做过某件事,比如它见过别的动物做过或见过人使用棍子或其他工具。具体来说,苛勒的一只猴子曾被船运到一座岛上,那里是船的停靠站。猴子曾经见过船员用拖把擦洗甲板,用棍子、木杆把某些东西固定好位置或卸下来。于是一个德国的心理学家就产生了一个问题:在猴子所做的事情里,哪一些可被认为是有意识的动作,哪一些是模仿的。苛勒做了专门的实验来说明猴子能够模仿些什么。后来发现,猴子在模仿超过它的智力发展限度的动作时,也会陷入像我那样处在运算高等数学题时的悲惨境地。换句话说,猴子借助模仿只能胜任它有能力来自己完成的一些任务(根据难度)。但有一个明显的事实苛勒没有考虑进去,即通过模仿是教(在人的意义上说)不会猴子的,也无法发展它的智能,因为猴子没有最近发展区。它能够独立胜任的任务的难度确定了它可以模仿的难度,也就是说猴子不能按其智慧的状况,在指导下或通过教学来发展独立解决类似任务的能力。通过训练,猴子可以学会许多东西,利用其机械熟巧,可以把一些智力熟巧组合起来(如骑自行车),但要使它变得更聪明,也就是教会它独立完成智能程度更高的任务是不可能的。这就是说,对动物进行人类意义上的教学是不可能的,教学一定要以专门的社会本质,以儿童融入周围人的智力生活为前提。

苛勒的一些追随者断定:儿童的情况也像猴子一样,即模仿不能超越他的自身年龄。当然就连最轻微的批评也会认为这完全是一派胡言。我们知道儿童的整个发展和教学的基础就是他在指导下可以学会,可以变得更加聪明,而且不仅仅像猴子那样只能通过训练的途径;儿童还能学会一些新型的个体动作。然而苛勒身边的一位工作人员却根据纯粹的成见提出了一种看法,这种看法在科学中一直维持了好些年。他的看法是猴子模仿过程中的智力水平和它独立完成任务之间的水平是没有差距的,而小孩是有差距的,但这种差距的水平是一个常数,就是经常存在的。如果小孩会独立运算 8 岁年龄标准的习题的话,那么在指导下,他就一定能运算 10 岁年龄标准的习题,也就是最近发展区是永远由实际发展水平决定的。

如果情况确实是这样的话,那么分别来研究儿童的最近发展区就是多余的了,因为每个儿童的最近发展区都是一样的。但实验数据表明,两个同样是 8 岁的儿童,一个人的最近发展区为 10 岁,而另一个人只有 9 岁。

所以最近发展区不是一个常数。

第二点我想说明,我这里所涉及的一些问题都可用来解决实践中出现的问题。我只是非常简略地来加以说明,因为每一个用于教学任务的问题都是非常复杂和多样的,都需要加以特别的研究。现在让我们回到表 1 中去,通过我在表 1 中所提出的条件我们可以弄明白什么问题呢?我们可不可以用一般的方式来提出高智商学生的学习成绩将会是怎么样的、他的智力发展变化将会是怎么样的问题呢?我们看到了有着不同最近发展区的儿童,也看到了对学校班级的要求有着不同态度的儿童。如果把这些情况综合起来,我们就可组成各种不同的组别。这些情况同智力发展和相对学习成绩是不是没有影响呢?不是没有影响,这些都是最为重要的特征。根据智商所分的所有组别都是不一样的,表 1 所得出的规律是纯粹统计上的规律,这些规律并没有揭示而是掩盖了真正的规律,因为在统计不同质的事物时无法归纳出普遍的规律。

能不能得出这样一个普遍的规则,就是在学校里智商高的儿童,存在着失去其高智商的趋势?不能。因为应当考虑到这是些什么儿童,是识字的还是不识字的等。那么,为什么还是出现了这样一个统计方面的规律呢?我用一个普通的例子来说明。什么是智商呢?这是一种特征。但我们懂得这个特征的种类和它产生的原因吗?让我们来看一下与征兆相关的医学是怎么说的。如果患了咳嗽病,那么大多数人能不能根据某种规律不吃药、不看医生,在家里待上 3~7 天,就会自愈了呢?有没有这样的规律?如果以 10 月、11 月为例,这两个月里咳嗽的大部分是感冒病人,能不能由此得出一个规律?不能,这个规律是不正确的,它是偶然得出来的。如果我以某个内科的病人为例,咳嗽的都是些患肺结核的病人,这就说明,我前面所得出来的规律是不对的。如果我以 5 月为例,那时患流感的人要少一些,这样就可能得出另外一个规律。这就是说,统计的规律可能是从偶然所选取的组别中得到的。某一组中大部分人属于某种类型,这时所得到的规律对这个组别是正确的,但我们如果把它作为普遍的规律就会出错。

为什么智商高的儿童通过四年的学习会有丧失其高智商的趋势呢?大部分高智商的儿童,超过 70% 的这批儿童,就其才能来说,并不比其他儿童更为突出,他们只是在良好的环境下成长而已。大家都有所了解,在德国,儿童 6 岁开始读书,而在俄国是 8 岁。我们知道,6 岁的小孩已经能够学习学校最初级的一些东西,如识字、计算、阅读、书写。一个小孩生长在有知识的家庭里,家里有书看,还有人教他认字母,给他讲故事,而另一个小孩生长在一个从来没有见到过印刷字母的家庭里。而我们是用比纳测试表来测试那些需要适合学校知识和技能的儿童的,那些从比较有文化的家庭里出生的儿童智商就高,这一点奇不奇怪呢?如果不这样倒会使人感到奇怪了。那么这些孩子得到的高智商是从哪里来的?他们是通过最近发展区得到的,也就是他们事先已经走完了他们的最近发展区,这样他们的最近发展区就显得小了,因为在某种程度上他们已经利用过了自己的最近发展区。我根据两所学校的研究资料所得,这样的儿童超过 57%。

这些儿童的情况会怎么样呢?第一,这是一些具有较小最近发展区的特殊智力发展类型的儿童,他们在学校里学不了多少,也就是说在学校里智力发展变化会小一些。这些儿童原来是通过什么才获得高智商的?他们通过一些良好的条件,通过知识的培养,而在学校里这些条件变得一样了,没有差别了。通过四年学校的教学,高智商和低智商的儿童出现了自然接近的趋势,也就是说一些原来受制于不好的条件而智商低的孩子在学校里得到了提高,因为对这部分孩子来说,条件向好的方向转变了。而对那些在优越条件下长大的儿童来说,学校的条件相对变差了,条件拉平了。如果这部分儿童有 57%,那么,这项规律就统计而言是正确的,但如果我们把这项规律用到像上面所说的咳嗽这类例子上去,也就是出现以某一类组别为主是一种偶然的因素的时候,那么这一规律是不是仍然是一种规律呢?当然不是。

这样,我们就第一次有可能从一种粗略的不区分不同质的统计数据转变到对问题更深入的分析上来。

我认为,对我所涉及的一些问题进行实践的应用可以有完全不同的方向,同时涉及面也可以相当地宽。首先它对预测诊断的各个方面,对智能落后儿童的识别,对学生成绩的统计,对部分和总体学习成绩不好的分析,对两分生和成绩不及格学生可能潜在的成绩的揭示都具有头等重要意义,在年级搭配、弄清综合技术学校的作用等问题也会有重要的意义。

在综合学校学习可以在多大程度上促进学生不仅学会某些东西,而且将其作为全面发展的工具,还是一个需要弄清的问题。简而言之,举出一些与上述问题无关的学校实际问题,要比举出一些有关的实际问题更难一些。

我认为,我们应当从传统的提法,即从小孩对某个年龄的教学是否已经成熟的角度来提出问题,转到对学校教学中的儿童智力发展的深入分析上来,如果这样做的话,那么正常学校和弱智儿童学校的全部儿童学方面的问题将会完全是另外一番模样。

附录三 心理学家 H.A.敏钦斯卡娅[1]

敏钦斯卡娅是苏联优秀的学者,苏联教育心理学的奠基人,教育科学院通讯院士、教授、心理科学博士。

敏钦斯卡娅于1905年1月15日诞生在雅尔达的一个乡村医生家里,她在克里米亚师范学院毕业后便进入国立第二莫斯科大学科学教育学的研究生院,在那里,在维果茨基的指导下完成了关于小学生算术运算能力发展问题的硕士学位论文。1932年起,她便在心理研究所工作,从初级科学研究员、高级科学研究员到研究所学术秘书,后来又担任该研究所副所长长达十年之久,同时她一直都是教学与智力发展心理学研究室主任,1952年她以其巨著《算术教学心理学》获得了心理科学博士学位。

敏钦斯卡娅的研究工作密切联系学校工作的实际,她揭示了知识掌握过程的基本规律,并从心理学的角度论证了教材处理的最有效的方法,她的这些研究大多数都是和教学论专家、教学法专家一起完成的,并贯彻到苏联的教学大纲、教材和教科书中。在探讨预防与克服学校中的成绩不良现象方面,她主编出版的《中小学生成绩不良的心理学问题》一书获得了苏联教育科学院第一次奖金,她和莫罗合著出版的《低年级算术教学法与心理学问题》也同样获得了该奖金。《学校中掌握知识的心理学》是敏钦斯卡娅和波果雅夫连斯基合著的一本总结性的著作,这本书获得了很高的评价。

学生的世界观形成问题是当代教育工作中最尖锐的问题之一,敏钦斯卡娅和她的同事们对此进行了许多理论探讨与实验研究。由她主编的论文集《学生科学世界观形成的心理学问题》以及其他许多这类著作都是广大心理学工作者所熟悉的。

特别值得提出的是,敏钦斯卡娅对她的儿子从出生到青年期一直进行系统的观察和记录,著有《儿童心理的发展(母亲的日记)》一书,这是目前关于儿童心理发展的独一无二的著作。

敏钦斯卡娅在维果茨基关于教学与发展关系的思想指导下,提出了她在学习理论方面的观点。她详细地分析了西方心理学家的各式各样的学习理论,她认为

---

[1] 原载黄秀兰:《H·A·敏钦斯卡娅》,《外国心理学》1985年第2期。

这些理论的共同特点是忽视了在人的发展的各个不同阶段以及在知识掌握的不同时期学习过程的多样性的事实,也就是说他们缺乏对待学习的发生观,因此不能探索出对知识掌握进行控制的最有效的形式,以及学生独立获得新知识并把新知识运用于实践的方式和方法。她还认为,至今为止,学习理论主要建立在揭露智力活动在掌握知识的过程中的规律性的基础之上,但是于研究范围中却把个体及其在发展进程中的个性上所发生的变化排除掉了,然而这些变化却是直接影响着在掌握知识时的智力活动与学习的规律性的。她指出在现阶段,学习理论应建立在完整研究个性的基础上,调节学习活动的高级形式只有在影响整个学生的个性条件下,只有在教育与教学实现有机统一的条件下才有可能达到。她强调占稳定优势的动机的重要性以及世界观对人的行为活动的调节作用。学习的发生理论或者说"个性的"学习理论,应当依据学生的发展阶段、领会阶段来解释学习过程的本质特点,研究反映在教学过程中的个性变化和学生个性的发展水平如何影响着学习的性质,学生个性发展的特点在某一方面决定下一步教学的性质和自学的可能的手段。

敏钦斯卡娅的著作有许多已译成世界各国文字出版,我国也已翻译出版了她的《算术教学心理学》等书。

敏钦斯卡娅还是一位良师和社会活动家,在她领导的研究室中许多研究人员都成了心理学博士,42位研究生由她指导完成了硕士学位论文,其中大多数人都是苏联各师范学院心理学教研室主任。多年来,她担任联合国教科文组织汉堡联邦德国教育委员会理事会理事,以她渊博的知识和崇高的威望捍卫了苏联在科学、文化与教育问题上的原则性立场。她曾参加过许多国际性的心理学学术会议,领导了许多同其他国家的心理学家合作的科研项目。在国内她也兼任了不少专门性的学术委员会的常任委员,此外,任心理学会莫斯科分会主席、苏联教育科学院心理学部的理事会委员及《心理学问题》与《苏联教育学》杂志的编委。

敏钦斯卡娅对文学、音乐、绘画等都有广泛的兴趣,且十分平易近人,对于前来求助的人,不管是乡村教师或者科学院的院士她都一视同仁。由于她巨大的科学成就与高尚的品质,她曾获得两枚劳动红旗勋章及克鲁普斯卡娅奖章、优秀教育工作者奖章和其他一些奖励。她于1984年7月6日逝世,享年79岁。

编后话

在一次偶然聚会里,我有幸结识了我国研究苏联心理学的权威——黄秀兰教授。初见之时,她听闻我是北京师范大学的研究生,便温和地询问我的毕业年份。当我告知是2013年时,她慈祥地说:"我1953年毕业,你我之间,恰好相差一个甲子,六十年轮回,缘分不浅。"那一刻,我被一股温暖的力量所包围,这位德高望重的老教授,竟是如此亲切和蔼,让人心生敬仰。

彼时,《维果茨基全集》(中文版)刚刚面世,九卷鸿篇,字字珠玑,我捧读之余,虽不甚懂,但满心崇拜。在茶余饭后的闲聊中,我不经意间吐露心声:"我也好想出一本关于家庭教育的书籍。"未曾想,这句随口之言,竟被黄老记在心上。此后一次喝早茶,黄老问:"你的书稿进展如何了?"我真是又惊喜又惭愧,惊喜于黄老对我的随口之言如此重视,惭愧于自己的随意与毫无作为。

之后,我们每次喝茶,黄老都让我带上新写的稿子,从想法、思路、大纲到撰写以及校对的字斟句酌,黄老都给我宝贵的意见与指导。在黄老的督促与指导下,经过近一年的辛勤耕耘,我的第一本书《托起明天的太阳:0—6岁学前儿童家庭教育问题与对策》终于诞生了。这本书的每一字每一句,都凝聚着黄老的心血与智慧。她不仅是我学术道路上的引路人,更是我人生中的良师益友。

鉴于我在写作上的初露锋芒和较强的学习能力,黄老又向我抛出了新的橄榄枝——邀请我共同撰写一本关于维果茨基的著作。面对这份突如其来的邀请,我惶恐不安。毕竟,我对维果茨基的了解仅限于其"最近发展区"理论,对于其他深邃的思想体系,我尚属门外汉。然而,黄老的鼓励与建议如同春风化雨。她告诉我,她家中藏有龚浩然教授的读书笔记,这些笔记将是我探索维果茨基思想宝库的钥匙。

于是,我踏上了研读龚浩然教授读书笔记的征程。在黄老的悉心指导下,我们共同确定了《天才心理学家维果茨基思想精要:龚浩然读书笔记(遗稿)》的写作大纲。我查阅了大量的文献资料,包括《维果茨基全集》、龚浩然教授曾出版的著作与论文等,在纷繁复杂的资料中梳理出一条清晰的脉络。几易其稿,多次校对,这本书终于在2020年由浙江大学出版社顺利出版。它的问世,得到了来自当时浙江大学副校长罗卫东、浙江大学出版社编辑团队以及广东教育出版社邓祥俊等多位重量级人物的鼎力支持。出版后,这本书反响不错,不仅收获了多位读者的喜爱与好评,还获得了全国哲学社会科学工作办的高度评价与肯定。这对于我而言,无疑是一种莫大的鼓舞与激励。

基于读者与学术界的积极反馈,黄老与我再次商量,决定继续挖掘维果茨基的思想精髓。我们计划推出一系列关于维果茨基的著作,用通俗易懂的语言精准表达其思想要义。每一本书都将专注于维果茨基的一个最原创、最重要的理论,并结合教育教学实践进行深入剖析。我们希望通过这一系列著作,为那些热爱维果茨基、热爱苏联心理学或致力于用马克思主义分析建立心理学体系的读者们提供素材与思考。

于是,在2022年的春天,我们开始了这本书的撰写工作。但不久我怀孕,生子,耽搁了一年左右。本书聚焦于维果茨基最为人所熟知的"最近发展区"理论,为了确保内容的准确性与逻辑性,我又重读了《维果茨基全集》以及我国学者对维果茨基思想的翻译、解读等作品。在黄老的引领下,我们保持着每月一次的会面频率,共同讨论稿件内容并不断完善。

如今,这本书终于得以呈现在读者面前。我衷心希望它能够带给读者以知识的滋养、思考的启迪以及智慧的火花。同时,我也热忱欢迎读者们分享你们的阅读体验与见解。在未来的学术生涯中,我将继续深耕维果茨基的理论与实践研究,期待与更多有志于研究维果茨基的读者朋友们携手共进。我们接下来会着手撰写维果茨基缺陷儿童的文化绕道发展、年龄心理学、文艺心理学等,如有兴趣可通过邮箱(1741671115@qq.com)与我联系。

最后,我要向我的恩师、我的伯乐黄秀兰教授致以最深的敬意与感激。经师易得人师难求,黄老师不仅是我的经师更是我的人师,不仅是我人生的贵人更是我心中永远的灯塔。黄老的智慧与人格魅力,将永远激励着我不断前行。同时,我也要感谢为本书作序的王光荣教授、邓祥俊社长以及本书编辑吴心怡女士的辛勤付出与无私奉献。

书中仍有诸多不足之处,望读者们多多指正。

李　娜

图书在版编目（CIP）数据

天才心理学家维果茨基思想精要. 之二，关于"最近发展区"理论的研读 / 李娜，黄秀兰著. -- 杭州：浙江大学出版社，2025.1. -- ISBN 978-7-308-25591-2

Ⅰ. B84-095.12

中国国家版本馆CIP数据核字第2024RU6758号

天才心理学家维果茨基思想精要之二：关于"最近发展区"理论的研读

李　娜　黄秀兰　著

责任编辑	蔡　帆　吴心怡
责任校对	吴　庆
封面设计	周　灵
出版发行	浙江大学出版社
	（杭州市天目山路148号　邮政编码310007）
	（网址：http://www.zjupress.com）
排　　版	杭州朝曦图文设计有限公司
印　　刷	杭州宏雅印刷有限公司
开　　本	710mm×1000mm　1/16
印　　张	8.5
字　　数	167千
版 印 次	2025年1月第1版　2025年1月第1次印刷
书　　号	ISBN 978-7-308-25591-2
定　　价	68.00元

版权所有　侵权必究　印装差错　负责调换

浙江大学出版社市场运营中心联系方式：0571-88276261；http://zjdxcbs.tmall.com